Hermann Julius Kolbe

Neuropteren

Die Netzflügler Deutsch-Ost-Afrikas

Hermann Julius Kolbe

Neuropteren
Die Netzflügler Deutsch-Ost-Afrikas

ISBN/EAN: 9783742869616

Hergestellt in Europa, USA, Kanada, Australien, Japan

Cover: Foto ©berggeist007 / pixelio.de

Manufactured and distributed by brebook publishing software
(www.brebook.com)

Hermann Julius Kolbe

Neuropteren

NEUROPTEREN

Die Netzflügler

Deutsch-Ost-Afrikas

Von

H. KOLBE

Custos am Königlichen Museum für Naturkunde in Berlin.

Mit 1 Tafel, gezeichnet von Nic. Prillwitz.

BERLIN 1897

Verlag von Dietrich Reimer

(Ernst Vohsen).

Die Erweiterung unserer früher sehr massigen Kenntnisse von der Neuropterenfauna Ost-Afrikas ist verhältnissmässig nicht gering; denn in dem v. d. Decken'schen Werke »Reisen in Ost-Afrika«, Abth. Gliederthiere, welches in gleicher Weise wie für alle übrigen Insectenordnungen, so auch für die Neuropteren Ost-Afrikas die alleinige Grundlage bildet, hat Gerstäcker nur zwei Arten aufgeführt, welche beide der Gattung *Palpares* angehören. Die vorliegende Abhandlung enthält 38 Arten, welche sich auf 18 Gattungen vertheilen. Aber wahrscheinlich bezeichnet auch diese Zahl nur einen geringen Bruchtheil vom Ganzen. Neuropteren werden von Afrikareisenden, Gelehrten und Stationsbeamten stets nur sehr vereinzelt gesammelt, und gewöhnlich gehören die gesammelten Arten der Gattung der grossen *Palpares*, aber auch anderen Myrmeleontiden an, während die kleineren und zarteren Formen, also Angehörige der Chrysopiden, Hemerobiiden, Osmyliden, Nemopteren, Panorpiden, Mantispiden und Trichopteren, wenig oder garnicht beachtet werden. Die Myrmeleontiden Ost-Afrikas sind daher auch am besten von allen Neuropteren bekannt (27 Arten).

Nach dem Erscheinen des v. d. Decken'schen Werkes i. J. 1873 haben nur noch Hagen im »Canadian Entomologist«, Vol. XIX. 1887, ferner Gerstäcker in den »Mittheilungen des naturwissenschaftlichen Vereins für Neu-Vorpommern und Rügen«, 25. Jahrg. 1894, und Brauer in den »Annalen des k. k. naturhistorischen Hofmuseums in Wien«, IV. Band 1889, Mittheilungen über einige Neuropteren-Arten Ost-Afrikas gebracht.

Aber die Sammelresultate und Entdeckungen in neuerer Zeit durch Franz Stuhlmann, Oskar Neumann, Johann Maria Hildebrandt, Carl Wilhelm Schmidt, von Nettelbladt, Gebrüder Denhardt, Zickendraht, R. Böhm und Fritz Fischer haben eine Reihe bisher aus Ost-Afrika noch unbekannter und noch neuer, nämlich unbeschriebener Arten ans Licht gebracht.

Es ist noch zu erwähnen, dass die Neuropteren von Mosambik in Peters' »Reise nach Mosambique« (1862) in der vorliegenden Abhandlung ausser Acht geblieben sind.

Charakteristik der Neuropteren.

Die Netzflügler bestehen aus mehreren sehr verschiedenen Gruppen, welche im Sinne Brauer's theilweise eigene Ordnungen bilden. Als gemeinschaftlicher Charakter ist aber die vollkommene Verwandlung anzusehen, welche die Neuropteren von denjenigen Gruppen trennt, welche früher zu der Ordnung »Pseudoneuroptera« zusammengefasst wurden. Die die alte Ordnung »Neuroptera« zusammensetzenden Gruppen, nämlich die Megalopteren, die Sialiden, die Rhaphidiiden, die Panorpaten und die Trichopteren, sind z. Th. voneinander so verschieden, dass eine theilweise Verbindung nur durch homologe Charaktere einzelner Organe entsteht. Die Mundtheile, der Prothorax, die Flügel, deren Nervatur,

die Beine und der Darmkanal sind in den genannten Abtheilungen so verschieden-
artig, dass eine allgemeine, zusammenfassende Charakteristik unmöglich ist. Die
Antennen sind indess durchweg vielgliedrig und die Fusse fünfgliedrig. Das
Flügelgeäder hat einen ziemlich elementaren Verlauf, ist eindeutig und erinnert
nicht an die abweichende und meist reduzirte oder complizirte Nervatur in
den Flügeln der Dipteren, Hymenopteren und Coleopteren. Die Zahl der freien
Abdominalsegmente ist gleichfalls eine elementare, gleichwie bei den Pseudo-
Neuropteren und Orthopteren, während in den höher stehenden Ordnungen die
Zahl der freien Abdominalsegmente durch Einziehung der basalen und namentlich apicalen Segmente und durch Unformung meist sehr reduzirt ist. Die ge-
sonderte Betrachtung der einzelnen Neuropteren-Abtheilungen gewährt
einen besseren Einblick in diesen Theil der Insektenklasse. Im afrikanischen
(äthiopischen) Gebiet (Afrika südlich der Sahara) sind indess nur Vertreter der
genuinen Neuropteren (Planipennien), sowie der Panorpaten und der Trichopteren
gefunden. Sialiden und Rhaphidiiden, welche noch zu den Planipennien gestellt
werden, aber theilweise Beziehungen zu den Trichopteren haben (namentlich die
Sialiden), sind aus dem afrikanischen Gebiet nicht bekannt.

I. Abtheilung. Die echten Neuropteren.

Hierher gehören die Ameisenlöwen und Verwandte, die Florfliegen und
ähnliche Gruppen, also die Myrmeleontiden, die Ascalaphiden, die Osmyliden,
die Nemopteriden, die Hemerobiiden, die Chrysopiden, die Mantispiden, sowie
die Sialiden und Rhaphidiiden. Die Myrmeleontiden bis zu den Mantispiden
bilden eine sehr natürliche und gut abgegrenzte Gruppe, welche zusammen als
»Megalopteren« bezeichnet werden.

Kopf hypognath (nämlich Stirn abschüssig, Mundtheile nach unten gerichtet); Augen meist recht gross, halbkugelig (Megaloptera) oder Kopf pro-
gnath (Stirn horizontal, Mundtheile nach vorn gerichtet) und Augen klein (Sialidae
und Rhaphidiidae). Nebenaugen (Ocellen) auf der Stirn oder dem Scheitel nur
in einigen Gruppen vorkommend. Antennen vielgliedrig, meist borsten-, faden-
oder schnurförmig oder nach der Spitze zu verdickt oder am Ende verdickt, also
kolben- oder keulenförmig, in einzelnen Gruppen theilweise sogar kammförmig.
Mundtheile beissend, Oberkiefer (Mandibeln) kräftig, in einigen Gruppen am
Ende scharf zugespitzt und am Innenrande gezahnt. Unterkiefer (Maxillen) mit
häutigem Innenlobus und fünfgliedrigen Tastern. Lippentaster zwei- bis dreigliedrig. Thorax von elementarer Bildung. Prothorax stets gut entwickelt;
Meso- und Metathorax einander gleich (Sialidae, Rhaphidiidae) oder jener grösser
und dicker (Megaloptera). Flügel homonom, gut entwickelt, gross und breit
oder lang und schmal, in der Ruhe dachförmig über dem Körper liegend; Hinterflügel selten rudimentirt (*Psectra*) oder abnorm geformt, nämlich sehr stark ver-
langert und äusserst schmal (*Nemoptera*). Nervatur der Flügel meist netzförmig,
da die Langsadern durch zahlreiche kurze Queräderchen verbunden sind, je
nach deren Zahl eng- oder grossmaschig (bei den Sialiden und Rhaphidiiden nur
mässig reticulirt). Hinterflügel gleich den Vorderflügeln ganz flach und ohne
Hinterfeld (Abtheilung Megaloptera) oder die Hinterflügel mit einem am Grunde
faltbaren Hinterfelde (Sialidae). Radius und Subcosta meist von ungefähr gleicher
Länge. Beine zart und dünn, bei grösseren Formen kräftiger, von gewöhnlicher einfacher Form, selten von abweichendem Bau (Mantispidae). Hüften
meist einfach. Fusse (Tarsen) fünfgliedrig, mit oder ohne Haftläppchen am
letzten Gliede. Hinterleib (Abdomen) gewöhnlich neungliedrig, die Bauchplatte
des ersten Segments deutlich (Sialidae) oder sehr verkürzt und rudimentär
(Megaloptera); am Ende beim Männchen oft mit Analanhangen (Appendices

anales), beim Weibchen einfach oder mit langer Legeröhre: *Rhaphidia*; *Dilar* (Hemerobiidae); *Symphrasis* und *Anisoptera* (Mantispidae). Darin mit einem gut ausgebildeten Saugmagen (alle Megalopteren und Rhaphidiidae) oder mit rudimentirtem oder ohne Saugmagen (Sialidae).

Larven mit einfachen, beissenden Mundtheilen und mit viergliedrigen Kiefer- und dreigliedrigen Lippentastern (Sialidae, Rhaphidiidae) oder die Ober- und Unterkiefer jederseits miteinander zu einem Saugrohr verbunden, Kiefertaster fehlend, Lippentaster drei- bis fünfgliedrig (alle Megalopteren).

Nymphe mit freier Gliederung und beissenden Mundtheilen, bis zur Reife der Imago ruhend (Myrmeleontidae, Ascalaphidae) oder einige Zeit vor der Entpuppung frei beweglich, umherkriechend (Osmylidae, Chrysopidae, Mantispidae, Rhaphidiidae).

Im Folgenden wird eine Uebersicht der afrikanischen Familien der echten Neuropteren (speciell der Megalopteren) geliefert.

Uebersicht der Familien der Megalopteren.

A.

Antennen gegen die Spitze hin verdickt oder am Ende mit einem Knopf. Subcosta mit dem Radius vor der Flügelspitze verbunden. Füsse ohne Haftlappchen.

1. Antennen kurz, gegen die Spitze hin allmählich verdickt oder am Ende geknopft. Flügel am apicalen Ende mit zahlreichen schmalen, regelmässigen, Längsfeldern . . . . Myrmeleontidae.

2. Antennen lang bis sehr lang, stets nur an der Spitze verdickt, mit abgesetztem Knopfe. Flügel am apicalen Ende mit einer mässigen Anzahl unregelmässiger Zellen . . . . Ascalaphidae.

B.

Antennen borsten-, faden- oder schnurförmig, ohne Verdickung.

I. Vorderflügel von gewöhnlicher Form, Subcosta mit dem Radius vor der Flügelspitze verbunden; Hinterflügel sehr schmal und auffallend lang, linealförmig. Kopf vorn schnabelförmig ausgezogen. Fühler borstenförmig, von mässiger Länge. Füsse ohne Haftlappchen . . Nemopteridae.

II. Vorder- und Hinterflügel gleichartig, von gewöhnlicher Form. Kopf kurz, ohne Schnabel. Füsse mit Haftlappchen unterseits am letzten Gliede.

1. Vorderbeine einfach, den übrigen Beinen gleich.

a) Subcosta und Radius vor der Flügelspitze miteinander verbunden. Fühler kurz, schnurförmig. Costalfeld der Vorderflügel sehr breit . . . . Osmylidae.

b) Subcosta und Radius voneinander getrennt in die Flügelspitze mündend.

α) Antennen kurz, schnurförmig. Letztes Tastergleid länglich, fein zugespitzt. Flügel getrübt oder fleckig . . . . Hemerobiidae.

β) Antennen lang, borstenförmig, sehr fein. Letztes Tastergleid cylindrisch. Flügel ganz glashell, hyalin, nicht gefleckt oder selten mit wenigen Flecken . . . . Chrysopidae.

2. Vorderbeine von den übrigen Beinen ganz verschieden. Schenkel auffallend dick und unterseits mit

mehreren Zahnen, Schienen dünn, einfach, gegen die
Schenkel einschlagbar (Fangfüsse). Prothorax lang.
Flugelnervatur grossmaschig. Subcosta in die das
Pterostigma abschliessende Querader mundend . . Mantispidae.

Familie Myrmeleontidae, Ameisenlöwen.

Schlank gebaute Netzflügler, Leib lang und dünn, Flügel lang, schmal oder
etwas verbreitert. Kopf meist ziemlich gross; Augen halbkugelig, ungetheilt.
Antennen kurz, gegen die Spitze hin oder an der Spitze selbst keulen-
förmig verdickt: Keule kurz und knopf- oder birnförmig oder verlängert.
Flügel am apicalen Ende mit zahlreichen, schmalen, regelmässigen
Längsfeldern. Beine ziemlich kurz, zum Sitzen und Anklammern geeignet,
Fusse ohne Haftlappchen. Flug langsam.

Larven am Boden (namentlich in sandigen Gegenden) lebend, entweder
Trichter bauend (*Myrmeleon*, *Macronemurus*, *Myrmecaelurus*, *Creagris*) oder frei
umherlaufend (*Palpares*, *Acanthaclisis*, *Formicaleo*). Kopf quadratisch oder
eiförmig, ziemlich gross. Mandibeln der Larven vorgestreckt, langlich, mit
hakenförmiger Spitze und einigen Zahnen am Innenrande (Saugzangen). Hinterleib breit und kurz, eiförmig, einfach.

Die Myrmeleontiden sind über alle Erdtheile verbreitet, in den tropischen
und subtropischen Ländern haufiger als anderswo. Die grössten Formen gehören
zu *Palpares*, *Stenares* und *Haematogaster*.

Uebersicht der Gattungen des afrikanischen Gebietes.

I. Gruppe.

Hinterflügel mit einer langen, bogenförmigen, rücklaufenden Ader (ramus
recurrens), die im basalen Drittel mit dem hinteren Gabelaste des Cubitus posticus
verbunden ist, rückwärts gegen den vorderen Gabelast des Cubitus hin verlauft,
einen langen Bogen nach vorn beschreibt und im vorderen Theile des Hinterrandes ausmündet. Schienensporen stets vorhanden. Hierher gehören die grössten
Formen der Familie.

A. Subcostalader in beiden Flügelpaaren einfach, gleichmässig dünn. Flügel
lang, schmal oder mässig breit. Mannchen stets mit einem Paar längerer
oder kurzerer Analanhange.
1. Costalfeld aller Flügel mit zwei bis drei Zellenreihen.
    a) Flügel hinten gerade, von gewöhnlicher Form;
    Endglied der Lippentaster sehr lang, dünn und mit
    kleiner Keule an der Spitze . . . . Stenares.
    b) Flügel absonderlich geformt, hinten vor der Spitze
    dreimal ausgeschweift, nach der Spitze zu stark
    verschmalert; Endglied der Lippentaster verhältniss-
    mässig kurz, mit dickerer und beträchtlich längerer
    Keule . . . . Crambomorphus.
2. Costalfeld aller Flügel mit einfacher Zellenreihe.
    a) Antennen massig kurz, oft schlanker, am Ende mit
    langlicher Keule; Lippentaster meist lang und
    dünn, letztes Glied keulenförmig . . . . . Palpares.
    b) Antennen kurzer mit rundlicher Keule; Lippentaster
    kurz, letztes Glied in der Mitte verdickt, spindelförmig Tomatares.

B. Subcostalader hinter der Mitte des Flügels stark verdickt; Flügel breit und kurz; Antennen kurz, am
Ende mit länglicher Keule; Lippentaster verhältnissmässig kurz, letztes Glied dünn, fast spindelförmig   Pamexis.

II. Gruppe.

Hinterflügel ohne rücklaufende Ader.   Hierher gehören die zahlreichen,
z. Th. noch recht ansehnlichen, aber meist mittelgrossen und kleineren Myrmeleontiden.

A. Schienensporen stets vorhanden; Beine stets von gewöhnlicher Bildung.

1. Costalfeld aller Flügel mit zwei bis drei Zellenreihen,
zuweilen mit einer Zellenreihe und theilweise gegabelten Queradern; Flügel lang, am Ende stumpf
abgerundet; Schienensporen stark gekrümmt oder
sogar knieförmig bis winkelig gebogen.

a) Körper kräftig gebaut und zottig behaart, Prothorax breiter als lang; Flügel lang und schmal,
dem Körper straff anliegend; Costalfeld mit einer
bis drei Zellenreihen; Schienensporen meist knieförmig oder stark sichelförmig gekrümmt   . . .   Acanthaclisis.

b) Körper schwächlich gebaut, dünn; Prothorax länger
als breit; Flügel breiter als in voriger Gattung,
am Ende noch stumpfer; Costalfeld mit einer Zellenreihe, Queradern meist gegabelt; Schienensporen
sichelförmig gekrümmt . . . .   Syngenes.

2. Costalfeld aller Flügel stets nur mit einer Reihe
einfacher Zellen, Queradern nicht gegabelt.

a) Scheitel mit erhabener zweihöckeriger Querleiste.
Vorder- und Hinterflügel mit Flecken, Binden und
zerrissenen Zeichnungen, in der Form voneinander
sehr verschieden; die vorderen breit und am Ende
stumpf abgerundet, die hinteren viel länger, lang
und schmal zugespitzt und am Hinterrande vor der
Spitze stark ausgeschweift . . . .   Cymothales.

b) Scheitel einfach, flach. Flügel von gewöhnlicher
Form, die vorderen und hinteren einander ähnlich,
meist ohne Zeichnung, höchstens mit einzelnen
Flecken.

α) Die beiden Gabeläste des hinteren Cubitus stark
divergirend, hinterer Ast kurz und bald in den
Hinterrand mündend.

αα) Schienensporen sehr kurz, so lang oder kürzer
als das erste Tarsenglied. . . . .   Myrmeleon.

ββ) Schienensporen lang, so lang wie die zwei bis
vier ersten Tarsenglieder.

o) Hinterleib des Männchens einfach, ohne
Analanhänge . . . .   Formicaleo.

oo) Hinterleib des Männchens mit sehr kurzen
Analanhängen und vor der Spitze mit Pinselhaaren . . . .   Myrmecaelurus.

ooo) Hinterleib des Männchens mit zwei langen
fadenförmigen Anhängen . . . . . .   Macronemurus.

β Die beiden Gabeläste des Cubitus posticus der
Vorderflügel lang, einander parallel; Flügel lang,
schmal, zugespitzt und am Hinterrande vor der
Spitze ausgeschweift . . . . Creagris
B. Schienensporen fehlen; Vorderbeine länger als gewöhnlich Gymnocnemia.

Gattung Stenares

Hagen, Stettiner Entom. Zeit. 1866, S. 372.

Grosse, eigenthümlich aussehende Formen. Körper kräftig gebaut. Fühler
kurz und kräftig. Endglied der Lippentaster ähnlich wie bei *Palpares* lang,
dünn, schlank, mit kleinem birnförmigem Endgliede. Prothorax kurz, fast doppelt
so breit wie lang. Flügel lang, schmal, nach dem Grunde zu etwas verschmälert,
hinten gerade, am Ende breit, stumpf abgerundet; Cubitus posticus weit gegabelt; mit dem unteren Gabelast verbindet sich im Hinterflügel eine rücklaufende Ader, wie bei *Palpares*. Costalraum mit zwei oder drei Zellenreihen,
namentlich im Hinterflügel grosse schwarzbraune Flecken. Beine kurz und
kräftig. Schienensporen fast oder ganz bis zum dritten Gliede reichend. Abdomen des Männchens mit zwei zangenförmigen Analanhängen.

Die beiden bekannten Arten, *hyaena* Dalm. aus Sierra Leone und *harpyia*
Gerst. aus Ceylon und Ost-Indien, haben 125 bis 135 mm Flügelspannweite.

Gattung Crambomorphus

Mac Lachlan, Journ. Linn. Soc. London, Zool. Vol. IX. 1867, p. 243;
Brauer, Verhandl. zool.-bot. Gesellsch. Wien, 1867. Sitzgsber. 3. April.

Der vorigen Gattung zunächst verwandt und vielfach mit ihr übereinstimmend,
noch kräftiger gebaut. Kopf recht dick; Fühler kurz und kräftig; Endglied der
Lippentaster verhältnissmässig kurz mit stärkerer und viel längerer Keule. Prothorax
kurz, doppelt so breit wie lang; Meso- und Metathorax oben dichter und zottig
behaart. Flügel lang und schmal, in der Mitte am breitesten, gegen die Spitze
hin sehr verschmälert, vor der Spitze hinten dreimal ausgeschweift. Auf den
Hinterflügeln sehr grosse, zusammenfliessende, schwarzbraune Flecken. Beine
kräftig; Schienensporen leicht gekrümmt, kaum die Spitze des zweiten Gliedes
erreichend.

Die Gattung scheint auf Afrika beschränkt zu sein. Die beiden zu ihr ge-
hörigen Arten sind *C. haematogaster* Gerst. aus Caffrarien und *C. sinuatus* Ol.
(*Myrmeleon*) aus dem Capland. Es mag sein, dass eine der Arten auch in
Deutsch-Ost-Afrika lebt.

Gattung Palpares

Rambur, Hist. nat. Névropt. 1842. p. 365.

Diese Gattung enthält die grössten Neuropteren in der Familie der Myrmeleontiden. Flügel meist lang und breit, meist gross gefleckt. Costalraum mit
einer einfachen Zellenreihe. Hintere Cubitalader gegabelt, die Aeste weit divergirend, der hintere Ast kurz, im ersten Drittel des Hinterrandes ausmündend.
Im Hinterflügel ist mit dem hinteren Gabelaste des Cubitus posticus eine einen
grossen Bogen gegen den vorderen Cubitalast beschreibende rücklaufende Ader
(ramus recurrens) verbunden.

Antennen mässig kurz, gegen das Ende hin verdickt, eine längliche Keule
bildend. Lippentaster meist lang, dünn, letztes Glied am Ende keulenförmig.

Männchen am Ende des langen und dünnen Abdomens mit zwei länglichen
oder ziemlich kurzen Appendices. Die Larven bauen keine Trichter.

Die Gattung ist in ziemlich vielen Arten über ganz Afrika verbreitet, kommt aber in einzelnen Arten auch in Süd-Europa (Spanien, Italien, Dalmatien, Griechenland), West-Asien und Ost-Indien vor. Die folgenden Arten sind aus Ost-Afrika bekannt.

1. Palpares inclemens

Walker, Cat. Brit. Mus. Neuropt. p. 303; Hagen, Canadian Entom. Vol. XIX. 1887, p. 89.

Eine sehr grosse Art; die glashellen Vorder- und Hinterflügel mit vielen braunen oder braun-schwarzen Binden und Flecken versehen, die auf den Hinterflügeln grösser und breiter sind als auf den Vorderflügeln. Die letzteren sind von vier, theilweise unvollständigen, schmalen Querbinden durchzogen und im Spitzentheile, im Verlaufe des Hinterrandes, mit zahlreichen braunen Tropfen besetzt. Auf den Hinterflügeln sind die Querbinden breit und gross und theilweise miteinander verbunden; die erste (basale) Binde ist am kürzesten und schmalsten und erreicht die Radialader in der Nähe des Vorderrandes. Der mittlere Theil der zweiten Binde ist hufeisenförmig und von der dritten Binde meist getrennt. Körper gelb, Stirn und Mitte des Scheitels schwarz. Antennen schwarz, Basalglieder braun. Beine dunkelbraun, Tarsen schwarz. Appendices anales des ♂ verlängert, mehr als um die Hälfte länger als das letzte Abdominalsegment, fast ganz gerade, am Ende etwas verdickt.

Flügelspannung 135—154 mm,
Länge der Vorderflügel 69—80 mm,
Länge der Hinterflügel 68—75 mm,
Körperlänge 77—62 mm.

Dar-es-Salaam (Dezember 1893, Stuhlmann), Bagamoyo (November 1889, v. Nettelbladt), Tanga (März 1893, O. Neumann), Insel Sansibar (nach Hagen), Muoa bei Tanga (F. Fischer), Galla-Land 2° s. Br. (Dr. Brenner), Witu (Denhardt), Delagoa-Bai (Rosa Monteiro), Natal und Cap d. g. Hoffnung (nach Hagen).

2. Palpares moestus

Hagen, Monatsber. Akad. Wissensch. Berlin, 1853, p. 482; Hagen, Peters' Reise nach Mosambik, 1862, p. 96, Taf. VI. Fig. 2.

Flügel glashell, breit, mit breiten Binden und nur wenigen kleinen Flecken, unterhalb der Spitze am Hinterrande ein- bis zweimal ausgebuchtet. Adern aller Flügel auf den glashellen Stellen röthlich. Der Costalraum der Vorderflügel enthält fast nur Theile der dunklen Binden, seine Adern sind nicht von einem braunen Wisch begleitet. Von den Binden der Vorderflügel ist nur die zweite vollständig, sie erreicht den Vorder- und Hinterrand; die erste und dritte Binde reichen nur vom Vorderrande bis zur Mitte; die Apicalbinde ist hinten unterhalb der Spitze verwaschen. Ausserdem steht ein verwaschener Fleck am Hinterrande gegenüber der dritten Binde.

Die Hinterflügel sind in der apicalen Hälfte in grösserem Umfange, in der basalen nur wenig dunkel gefärbt. Die Binden in der Apicalhälfte sind am Hinterrande miteinander verbunden. Von der ersten (basalen) Binde ist nur je ein Fleck am Radius und am Hinterrande übrig geblieben. Die zweite Binde reicht, wie die zweite des Vorderflügels, vom Vorder- bis zum Hinterrande und ist isolirt.

Kopf und Rücken sind ganz rehgrau, an den Seiten braunschwarz; Vorderkopf gelblich; Scheitel sehr stark convex. Beine ganz kastanienbraun. Brust dicht, zottig, bräunlich behaart.

Appendices anales des ♂ mässig lang, gebogen, gegen die Spitze hin etwas dicker.

Flügelspannung ♂ 117–134. ♀ 128 mm,
Länge der Vorderflügel ♂ 60—65. ♀ 62 mm,
Länge der Hinterflügel ♂ 59—64. ♀ 62 mm,
Länge des Körpers ♂ 53—54. ♀ 40 mm.

Sansibar (Hildebrandt). — Tete in Mosambik (Peters); Delagoa-Bai (Rosa Monteiro).

3. Palpares tristis
(Taf. Fig. 2)

Hagen, Monatsber. Akad. Wissensch. Berlin, 1853, p. 482; Hagen, Peters' Reise nach Mosambik, 1862, p. 98, Taf. VI. Fig. 3.

Kopf gelb, Labrum, Stirn und Mitte des Scheitels braun. Antennen schwarz, die beiden Basalglieder hellgelb. Thorax gelb mit drei braunen Längsbinden. Flügel hyalin mit dunklen Binden und Flecken; Queradern des Costalraumes meist braun, in der Mitte und oberhalb der Mitte des Vorderrandes der Flügel abwechselnd weissgelb; Makeln der Flügel hyalin gefleckt.

Vorderflügel mit vier aufgelösten Querbinden; von der ersten (subbasalen) ist nur der vordere, etwas zerrissene Fleck übrig geblieben; von der zweiten nur ein vorderer und der Discoidalfleck, beide meist verbunden; die dritte besteht nur aus einem vorderen grösseren und zwei hinten stehenden kleinen Flecken; die vierte (apicale) Binde ist zerrissen. Längs des Hinterrandes in der Basalhälfte und auf der Scheibe zahlreiche, kleine, braune Flecken, welche meist Durchschnittspunkte der Adern bezeichnen.

Hinterflügel: Queradern des Costalraumes grösstentheils braun, einige oberhalb der Mitte abwechselnd weissgelb und braun. Von der subbasalen Binde (Makel) kaum eine Spur vorhanden; von der zweiten (discoidalen) ein grosser, bis an den Radius reichender, breiter, länglicher, über die Mitte hinausgehender Fleck. Die dritte Binde besteht aus drei meist verbundenen Makeln und sendet zwei Aeste in den Hinterrand; diese beiden Aeste sind zuweilen isolirt. Apicalmakel zerrissen. Drei längliche, leicht gebogene, streifenförmige Makeln, welche in den Hinterrand münden, stehen der zweiten (discoidalen) Binde gegenüber. Sehr kleine Fleckchen befinden sich in der Basalhälfte.

Schenkel dunkelbraun, Apicalhälfte gelb. Schienen hellgelb, die Spitze und ein schmaler Halbring unterhalb der Mitte schwarz; Krallen und Schienensporen kastanienbraun. Abdomen blassbraun, gegen die Spitze dunkelbraun. Appendices anales des ♂ lang, dünn, gebogen, länger als die beiden vorletzten Segmente zusammengenommen, am Ende etwas verdickt.

Flügelspannung 103—128 mm,
Vorderflügel 54—60 mm,
Hinterflügel 52—59 mm,
Körperlange 44—48 mm.

Diagnose der Art:

Flavescens, fronte verticeque medio brunneis, vittis tribus prothoracis dorsalibus nigris, abdomine avellaneo apicem versus fusco; antennis tarsisque nigris, illarum articulis duobus basalibus flavis; tibiis femoribusque flavis, illarum apice annuloque submediano nigris, femoribus basin versus nigro-fuscis; alis hyalinis modice latis, anticarum fasciis macularibus definitis griseis vel nigrofuscis, guttis minutis discoidalibus et posterioribus distinctis; venulis areae costalis transversis nigris, alternis partim flavis; alarum posticarum fasciis distinctis, fascia subbasali nulla, strigis macularibus in marginem posticum currentibus a fasciis plerumque separatis, guttulis minutis subbasalibus; appendicibus analibus ♂ longis, segmentis duobus paenultimis conjunctis longioribus, curvatis, ad apicem incrassatis.

Die gemeinste Art Ost-Afrikas und von mittlerer Grösse. Mombas
(v. d. Decken), Sansibar (Hildebrandt), Usaramo (30. April 1890, Stuhlmann), Bu-
luri bei Tanga (Ende April 1893, O. Neumann), Mkaramo (Ende Mai 1893,
O. Neumann), Kitui in Ukamba (Hildebrandt), Massonga (6. Januar 1894, Stuhlmann), Madinula (W. v. St. Paul-Illaire). — Mosambik.

Palpares tristis Hag. var. (oder Rasse) niansanus n.

Kleiner als irgend eine der zahlreich vorliegenden Stücke des *P. tristis* aus
den Küstenländern von Deutsch-Ost-Afrika und durch die in der Anlage gleiche,
aber in der Ausführung abweichende Fleckenzeichnung der Flügel verschieden.
Von den braunen Querbinden der Vorderflügel sind sowohl die zweite (mediane),
als auch die dritte (ultramediane) sehr verkürzt, indem nur ein vorderer Fleck
von ihnen übrig geblieben ist. Ferner ist der grösste Theil der Vorderflügel mit
zahlreichen kleinen Querflecken versehen, welche durch die braune Umsäumung
der zahlreichen Queradern entstanden sind, bei dem typischen *P. tristis* aber
stark zurücktreten und wenig ausgebildet sind. Auf den Hinterflügeln befindet sich zwischen der Basis und der Mitte, nahe dem Vorderrande, ein brauner
Fleck, der kaum kleiner ist, als an der gleichen Stelle der Vorderflügel. Wie
im Vorder-, so ist auch im Hinterflügel die mediane Querbinde stark verkürzt,
die ultramediane dagegen in drei Flecken aufgelöst, was auch zuweilen bei dem
typischen *tristis* vorkommt. Die drei langsstreifenförmigen Flecken am Hinterrande der Hinterflügel, gegenüber der medianen Querbinde, sind im Verlaufe der
Längsfelder basalwärts etwas verlängert und gewähren so einen von *tristis* abweichenden Anblick.

Beide Flügelpaare erscheinen schmäler als bei *P. tristis*.

Die Schenkel sind an der Basis, die Schienen an der Spitze schwarz. Die
Appendices anales haben eine braungelbe Keule.

Die Form und Länge der Lippentaster ist genau so wie bei *P. tristis*.

Flügelspannung 98, Länge der Vorder- und Hinterflügel 48, Körperlänge 40 mm.

Diagnose: Minor, fasciis alarum valde abbreviatis, alis anticis large fusco-
conspersis; alis posticis macula mediocri subbasali antica signatis, strigis tribus
posterioribus medianis elongatis; appendicibus analibus fusco-flavo terminatis.

Es liegt nur ein Männchen von Muausa am Südufer des Victoria-
Nyansa vor, welches das Königl. Museum von Herrn E. Suffert erhielt.

4. Palpares interioris n. sp.

P. tristi similis, alis autem et antennis cercisque abdominis multo brevioribus;
palpis labialibus multo longioribus, gracillimis, articulo ultimo ad apicem modice
et breviter clavato; vitta mediana capitis antice attenuata, fascia mediana alarum
anticarum antice abbreviata, maculis subbasalibus alarum posticarum loco fasciae
subbasalis fere nullis; cercis analibus parum elongatis, leviter curvatis, nigris, nigro-
setosis, apice nudo clavato; pedibus luteis, femoribus tibiisque infra longitudinaliter
tarsisque totis nigris.

Flügelspannung 84, Länge der Vorderflügel 42, der Hinterflügel 41, Körperlänge 45 mm.

Diese Art ist dem *P. tristis* ähnlich und auch mit ihm nahe verwandt, sie
unterscheidet sich von diesem durch merklich kürzere Flügel, kürzere Antennen,
kürzere Analanhänge des ♂, viel längere Lippentaster bei gleicher Körpergrösse
und abweichend gefärbte Beine.

Die mittlere schwarze Längsbinde des gelben Kopfes ist vorn verschmälert
und entbehrt hier der beiden schwarzen Seitenzipfel, von denen allerdings braun-

liche Spuren zu sehen sind. Stirn (vor der Basis der Antennen) viel heller, in der Mitte nur schwach gebraunt. Maxillarpalpen mehr als um die Halfte langer als bei *tristis*, dunn und lang, braunschwarz bis schwarz, letztes Glied mit kleiner Keule am Ende, vorletztes Glied am Ende etwas verbreitert und hier ausgehöhlt. Flugel bei gleicher Körperlange viel kürzer als bei *tristis*; ihre Zeichnung und Fleckenvertheilung dagegen fast genau dieselbe, nur ist die mittlere Querbinde der Vorderflugel vorn verkürzt. Von den kleinen Flecken an Stelle der subbasalen Binde der Hinterflügel (bei *tristis*) ist bei der neuen Art kaum eine Spur vorhanden. Schenkel und Schienen der gelben Beine haben unterseits einen schwarzen Langsstrich. Abdomen verhaltnissmassig schlanker und langer als bei *P. tristis* und dessen Rasse *niansanus*. Appendices anales dagegen um die Halfte kürzer, leicht gebogen, im apicalen Drittel etwas verdickt, schwarz, glanzend, schwarz behaart.

»Sansibar« (? Continent, ? Usambara, Dr. C. W. Schmidt) 1 ♂.

5. Palpares submaculatus n. sp. ♀

(Taf. Fig. 5)

Flavescens, capite rufo, fronte verticeque medio rufofuscis, prothorace flavo vitta lata dorsali fusca signato; antennis fuscis basin versus pallidioribus, articulo basali flavo-rufo; alis hyalinis modice latis, anterioribus obsolete maculatis, maculis duabus discoidalibus (loco fasciae secundae) pellucidis, macula altera radium tangente, altera mediana; macula tertia rotundata (loco fasciae tertiae) radium non tangente; strigis apicalibus direptis; venulis totis areae costalis fuscis; guttis prope marginem posticum nullis; alarum posticarum maculis distinctioribus et brevioribus, macula subdiscoidali (loco fasciae secundae) subtrigonali radiumque haud totum attingente; macula apici propiore (loco fasciae tertiae) radium tangente, postice abbreviata ramumque extrorsus emittente; maculis apicalibus direptis; strigis posterioribus macularibus elongatis, obliquis, ad marginem posticum spectantibus nec hunc pertinentibus; pedibus flavo-testaceis, tibiarum apice vix fuscato, tarsis fusco-nigris.

Expansio alarum 123 mm.
Longitudo alarum anticarum 59 mm.
»   »   posticarum 60 mm.
»   corporis 46 mm.

Dem *P. tristis* Hg. ahnlich, aber durch die Zeichnung der Flugel und Farbung des Korpers ganzlich verschieden. Kopf röthlich bis blas-braunlich, Labrum und Epistom heller, Mitte des Scheitels und Stirn braunlich; Antennen dunkelbraun, nach dem Grunde zu (mehrere Glieder) graugelb. Thorax starker behaart, als bei *tristis*, gelblich, Seiten und Rücken braunlich.

Flügel hyalin, Makeln meist schwach, z. Th. langs- und schragstreifig. Alle Queradern des Costalraums aller Flügel braun. Makeln der Vorderflugel ziemlich verloschen, die kleinen Flecken viel weniger zahlreich; die subbasale Binde eigentlich vollstandig fehlend, ohne Spuren zu hinterlassen; die zweite Binde aus zwei getrennten, schwachen Flecken bestehend; von der dritten nur ein vorderer Fleck vorhanden; an Stelle des hinteren Fleckes treten nur die beiden, die bekannte bemerkenswerthe Anastomose bildenden Adern durch braunliche Begrenzung hervor. Von der Apicalbinde sind nur zwei schrage, schmale, z. Th. zerrissene Langswische übrig geblieben. Auf der hinteren Halfte der Vorderflügel und im Postcostalraum fehlen eigentliche Flecken, nur der Rand im basalen Drittel und die vom Postcubitus abgezweigte Ader sind von braunen Flecken begrenzt.

Hinterflügel: Queradern des Costalraumes alle braun. Die Binden und Flecken sind ahnlich wie bei *tristis*, aber die Discoidalbinde (2. Binde) besteht nur aus einem kleineren Fleck, welcher den Radius nicht oder kaum berührt und über die Mitte nicht hinausgeht. Von der dritten Binde ist hauptsächlich nur ein vorderer Theil vorhanden, der einen schmalen Streifen gegen den apicalen Hinterrand hin im Verlaufe des unteren Radialsectors entsendet. Die Apicalbinde ist zerrissen und anders gebildet als bei *tristis*. Von den zerschlitzten, dunklen, bandförmigen, schmalen Streifen auf der hinteren Hälfte erreicht keiner den Hinterrand.

Beine bräunlichgelb. Schienen an der Spitze dunkler, Tarsen schwarz; Krallen und Schienensporen schwarz oder braun. Abdomen blassbraun, gegen die Spitze hin dunkelbraun.

Ein ♀ von Kakoma in Ugunda, östlich vom Tanganyika-See (Dr. R. Böhm).

6. Palpares nyicanus n. sp. ♂

(Taf. Fig. 6.)

Ex affinibus *P. tristis* Hg., alis autem aliter coloratis et formatis, guttatis et pauce maculatis, alarum omnium vitta angusta longitudinali apicali mediana, interrupta, curvata, apici ipsi adaptata; alis anticis multiguttatis, absque maculis majoribus et fasciis; alis posticis macula majore discoidali (fascia quasi abbreviata) maculaque pterostigmati approximata fusca, guttis nonnullis ad venam radialem basinque sectorum venae cubitalis posticae, guttisque numerosis margini postico propionbus et marginalibus ornatis; pterostigmate colore flavido indicato, maculis fuscis apicalibus huic antepositis; pedibus brunneis, tibiarum apice tarsisque nigris, calcaribus et unguiculis castaneis, abdomine fusco-nigro, vitta dorsali mediana, apicem versus perducta, flava; appendicibus analibus sursum curvatis, cylindricis, tenuibus, apice vix incrassatis, longitudinem segmentorum abdominalium 7. et 8. haud totam aequantibus.

> Expans. alar. 103 mm.
> Long. alar. ant. 50 mm.
> » » post. 50 mm.
> » » corp. 47 mm.

In der Bildung der Analanhänge dem *P. tristis* Hg. ähnlich, aber durch die Form und Zeichnung der Flügel ganz verschieden. Die Flügel sind etwas schmaler, gegen die Spitze hin mehr verjüngt, fast wie bei *P. cephalotes* Kl. Dunkle Querbinden oder grössere Flecke fehlen in den Vorderflügeln, dagegen ist im Apicaldrittel aller vier Flügel eine unterbrochene, gebogene, schmale Längsbinde erkennbar, welche in die Spitze des Flügels ausmündet. Im Uebrigen sind die Vorderflügel mit zahlreichen kleinen Flecken versehen. Jeder dieser kleinen Flecken belegt eine Querader, aber zahlreiche Queradern sind ohne solche Flecken. Die Hinterflügel weisen ausser der apicalen mittleren (unterbrochenen) Längsbinde einige grössere Makeln auf, von denen die mediane als abgekürzte Querbinde erscheint. Einige kleinere Flecken befinden sich unterhalb langs der Radialader, in der Umgebung des hinteren Sectors des Cubitus posticus, vor dem Hinterrande von der Spitze bis zum Arculus und an der Spitze vor dem Pterostigma. Im Costalraum liegen fast alle Queradern in je einem Querfleck. Das Pterostigma ist durch eine gelbe Trübung der Flügelhaut angedeutet. Die Beine sind röthlichbraun, die Spitze der Schienen und die Tarsen schwarz, die Schienensporen kastanienbraun.

Die Färbung des Körpers ist undeutlich, das Abdomen schwärzlich, der Rücken aller Segmente mit einer gelben mittleren Längsbinde versehen; auch die Ventralplatte der vorderen Segmente ist gelblich. Die Appendices anales sind lang, gebogen, gelb, nicht ganz so lang wie das 7. und 8. Segment zusammen; sie sind dünn, von unten nach aufwarts gebogen, mit der stärksten Krümmung im Basaldrittel, am Ende kaum verdickt, dunkel beborstet.

Es liegt ein einzelnes männliches Stück aus Farhani in Usagara vor,
welches Dr. Stuhlmann am 27. Mai 1890 erbeutete. Das Insekt ist beschädigt,
Kopf und Brust sind grossentheils zerstört; die Antennen fehlen.

7. Palpares stuhlmanni n. sp. ♂ ♀

(Taf. Fig. 1.)

Nigro-fuscus, epistomate, tuberculis antenniferis lateribusque pronoti
sulphureis, prothorace fusco- et griseo-villoso; abdomine fusco-nigro,
nigro-piloso, basin versus pallidiore, griseo-piloso; pedibus totis nigris,
calcaribus tibiarum unguiculisque castaneis: alis anticis flavescentibus, in
disco et postice immaculatis, areis longitudinalibus partis tertiae basalis mediis
transversim fusco-strigatis; strigis areae costalis basin versus densatis, apicem
versus venulis intermissis flavidis latius separatis; fasciis deminutis, loco fasciae
primae (basalis) maculis duabus restantibus, altera prope radium, altera ad
marginem posticum; fascia secunda maculis duabus parum inter se separatis
composita; fascia tertia multifariam direpta; fascia apicali nulla, maculis ad
partem obsoletis; pterostigmate flavo; alis posticis paulo brevioribus quam anticis, hyalinis plagisque magnis et latis fuscis inter se conjunctis ornatis, maculis
ovatis hyalinis inclusis postmarginalibus, fascia subbasali mediocri hamato; appendicibus maris duabus analibus brevibus, cylindricis, valvula supera trigonali longitudinali.

Expans. al. 115 mm.

Dem *P. digitatus* Gerst. von der Goldküste sehr ähnlich; wegen der kurzen
Analanhänge des Mannchens, der schwarzen Färbung der Beine und der Anlage
der Flügelfärbung und Zeichnung in die Verwandtschaft von *P. caffer* gehörig.

Die Vorderflügel haben einen gelben Ton und sind nur wenig und
mattbraun bis dunkelbraun gefleckt. Die meisten Queradern sind gelbweiss. Im
Costalraum stehen die dem Flügelgrunde näheren dunklen Querstrichel eng, weil
jede Querader von einem braunen Streifen begleitet ist; schon vor der Mitte und
bis fast zur Spitze hin sind die hier fleckenartigen Querstrichel weiter voneinander getrennt, weil zwischenliegende Queradern gelb bleiben. Im Basaldrittel
sind die Zwischenraume der Längsadern mit braunen Querstricheln versehen. Die
das Analfeld durchziehenden (in den Hinterrand mündenden) Adern endigen mit
einem schwarzen Fleck. Vorn am Radius befindet sich an Stelle der ersten
Querbinde ein brauner Fleck, an Stelle der zweiten Querbinde zwei getrennte
braune Makeln. Die Mitte des Flügels ist ungefleckt. Die dritte Querbinde
ist in eine Anzahl kleiner Flecke aufgelöst; langs des Radius stehen drei oder
vier Flecke. Im Spitzentheil sehen wir nur z. Th. ganz verwaschene Wische. Das
Pterostigma ist schwefelgelb. Der Hinterrand des Flügels ist schwach braunlich
und, ausser im Basaldrittel, ungefleckt.

Die Hinterflügel enthalten auf weissem hyalinem Grunde grosse zusammen-
hängende Flecke, ähnlich wie bei *P. inclemens*. Von der Basalbinde ist ein
hakenförmiger Fleck in der Mitte und ein kleiner Fleck am Hinterrande vorhanden; bei *P. digitatus* Gerst. sind an Stelle der ersten Binde nur zwei kleine
Punkte am Ende der Cubiti und einige Punktflecken am Hinterrande geblieben.
Die zweite und dritte Binde sind gross und breit, hängen zusammen und schicken
je zwei Zweige zum Hinterrande; die zweite reicht nur bis zum Radius, die dritte
bis zum Vorderrande. Die innen zackige Apicalbinde nimmt die ganze Spitze
des Flügels ein, lasst aber einen eingeschlossenen hyalinen Fleck nahe dem
Vorderrande übrig; hinten ist sie mit dem aussersten Zweige der zweiten Binde
verbunden. Die basale Hälfte des Costalraumes enthält braune Querstrichel, einige
der Queradern desselben sind hie und da gelb.

Der Körper ist sammt den Beinen schwärzlich; der Kopf schwarz, nur das Epistom und der Basalhöcker der Antennen schwefelgelb. Antennen schwarz, die beiden Grundglieder braunschwarz. Thorax oben schwärzlich, Prothorax an den Seiten gelb. Beine schwarz, Krallen und Sporen kastanienbraun. Abdomen schwarzbraun, nach dem Grunde zu an den Seiten und unten blassbräunlich. Die beiden Analanhänge sind kurz und schwarz, divergirend, gleichmässig dick, schwarz beborstet und am Ende abgerundet.

Das zweite Exemplar (♀ aus der Gegend zwischen Irangi und Umbugwe) ist etwas grösser und mehr ausgereift; alle Flecken auf den Flügeln sind dunkler.

Es liegen vor 1 ♂ von Vitschumbi, südlich vom Albert-Edward-See (10. Mai 1891, Dr. F. Stuhlmann), und 1 ♀ aus der Gegend zwischen Irangi und Umbugwe (September bis October, Oskar Neumann).

Uebersicht der Arten der Gattung *Palpares*.

1. P. inclemens Wlk. Beine dunkelbraun, Tarsen schwarz. Flügel unterhalb der Spitze wenig ausgeschweift. Vorderflügel mit vier theilweise unvollständigen, schmalen Querbinden und kleinen Tropfenflecken längs des Hinterrandes. Hinterflügel mit breiten Querbinden. Kopf und Thorax gelb, ersterer mit schwarzer Scheitelmitte, letzterer mit drei schwarzen Längsbinden.

2. P. moestus Hag. Beine ganz kastanienbraun. Kopf und Brust oben rehgrau. Flügel breit, unterhalb der Spitze ein- bis zweimal ausgeschweift. Binden der Hinterflügel sehr breit, vor dem Hinterrande grösstentheils miteinander verbunden.

3. P. tristis Hag. Beine gelb, Basalhälfte der Schenkel schwarzbraun. Spitze der Schienen, ein schmaler Halbring unterhalb der Mitte derselben, sowie die Tarsen schwarz. Vorderflügel mit vielen kleinen Tropfen langs des Hinterrandes. Hinterflügel mit drei Binden. Kopf und Thorax gelb mit drei schwarzen Langsbinden.

4. P. interioris m. Dem *P. tristis* ähnlich. Flügel kürzer. Antennen und Analanhänge kurzer, Lippentaster langer. Beine gelb, Schenkel und Schienen unterhalb mit schwarzem Längsstrich.

5. P. submaculatus m. Beine gelb, Tarsen schwarz. Hinterflügel mit drei Binden. Kopf und Thorax gelblich mit mattbrauner Rückenbinde.

6. P. nyicanus m. Beine braun, Tarsen und Spitze der Schienen schwarz. Hinterleib schwarzbraun, Dorsalbinde gelb. Vorderflügel fast nur mit zahlreichen kleinen Flecken. Analanhänge des ♂ fast so lang wie das 7. und 8. Segment zusammen.

7. P. stuhlmanni m. Beine ganz schwarz, Analanhänge des ♂ kurz. Vorderflügel gelb, hauptsächlich nur am Vorderrande, im Basaldrittel und im Anfange des Apicaldrittels gefleckt. Hinterflügel mit vier Binden.

Gattung Tomatares

Hagen, Stettiner Entom. Zeit. 1866, S. 372.

Mit *Palpares* sehr nahe verwandt, aber durch die kürzeren Antennen und die absonderliche Flügelfärbung, verbunden mit ziemlich kurzen Lippentastern, kenntlich unterschieden und einen besonderen Formenkreis bildend. Antennen kurz, mit kurzer rundlicher Keule. Endghed der Lippentaster massig lang, in der Mitte verdickt, spindelförmig, am Ende zugespitzt. Flügel sehr bunt, die vorderen mit röthlichen oder braunen Flecken und Binden auf gesättigt gelbem Grunde. Sporen gekrümmt.

Die bekannten Arten sind *citrinus* Hag. aus Mosambik und Ost-Afrika, *claricornis* Latr. aus Senegambien und *compositus* Wlk. aus Nord-Indien.

1. Tomatares citrinus

Hagen, Peters' Reise nach Mosambik. Zoologie, V. Bd., Berlin 1862,
S. 94, Taf. 6, Fig. 1. (*Palpares*). — Mosambik.

Var. vinacea n.

Dem typischen *citrinus* ausserordentlich ähnlich, aber durch die Flügel-
zeichnung etwas verschieden. Von den vom Radius ausgehenden, in den Hinterrand mündenden Binden der Vorderflügel ist die zweite weit gegabelt (bei
citrinus einfach), und die erste Binde steht der zweiten näher. Im Marginalfeld
der apicalen Hälfte fehlen fast alle Querstrichel. Im Uebrigen sind die Flügel
dicht gelblich gefärbt, nicht hyalin, nur im Basaldrittel langs der Mitte durchscheinend.
Auf den Vorderflügeln sind zahlreiche in den Hinterrand und die Spitze mundende
dunkle Streifen oder Binden. Die Hinterflügel sind nur im apicalen Drittel
gefleckt, wie bei *citrinus*. Die Flecken und Binden aller Flügel sind weinröthlich
(bei *citrinus* braun).

Von der Grösse eines kleinen *Palpares*, Flügelspannweite 80 mm.

Muansa am Südufer des Victoria-Nyansa (von Suffert erhalten).

Bei der geringen Verschiedenheit und der sonstigen völligen Uebereins-
stimmung der var. *vinacea* mit *citrinus* Hag. ist wohl anzunehmen, dass wir es
mit einer besonderen Form derselben Art zu thun haben, vielleicht mit einer
Rasse oder Subspecies des *citrinus*; doch lässt das einzige vorliegende Exemplar
keine weiteren Schlussfolgerungen zu.

Gattung Pamexis

Hagen, Stettiner Entom. Zeit. 1866, S. 372.

Eine eigenthümliche und gut abgesonderte Gattung, kleiner als die meisten
kleineren *Palpares*-Arten und durch die Bildung der Flügel hauptsächlich unterschieden.

Antennen kurz, mit dicker länglicher Keule an der Spitze. Endglied der
Lippentaster mässig lang, in der Mitte schwach verdickt, am Ende verdünnt.
Prothorax dünn und abstehend behaart. Flügel breiter und kürzer als bei
Palpares, in der Nervatur aber ähnlich, die vorderen gesättigt dunkelgelb
getrübt, die hinteren heller und braun gefleckt. Subcosta vor dem Ende in
ziemlicher Länge merklich verdickt. Sporen leicht gekrümmt, bis zum zweiten
Gliede reichend. — Die Trübung der Flügel rührt nach Mac Lachlan von
einem körnigen Ueberzuge her, wie bei *Coniopteryx*.

Die drei bekannten Arten der Gattung (*compunctatus* Burm., *contaminatus*
Burm. und *luteus* Thunb.) sind auf Süd-Afrika beschränkt.

Gattung Acanthaclisis

Rambur, Hist. nat. Névropt. 1842, p. 378; Hagen, Stettiner Entom. Zeit.
Jahrg. XXI. 1860, S. 362.

Körper gestreckt, mit straff anliegenden Flügeln, vorn plump, dick, aschgrau bis gelblich gefärbt, stark behaart. Prothorax breiter als lang. Antennen
meist ziemlich kurz, gegen das Ende dicker. Flügel lang, massig breit bis
schmal, am Ende stumpf, ungefleckt und mit kleinen dunklen Flecken versehen;
Hinterflügel ohne rücklaufende Ader; Costalfeld aller Flügel schmal, mit einer
einfachen oder mit zwei bis drei Zellenreihen oder mit gegabelten Adern. Beine
kurz und kräftig. Sporen der Schienen einfach gekrümmt oder knieförmig (fast
winkelig) gebogen. Männchen am Ende des Abdomens mit zwei langen Appendices.

Die Larven bauen, soweit bekannt, keine Trichter, halten sich bei Tage verborgen und gehen Abends ihrer Beute nach, wobei sie rasch vorwärts laufen (Brauer, J. Redtenbacher).

Die Gattung ist über die Ost- und Westhemisphäre verbreitet und in allen Erdtheilen zu Hause, aber nicht sehr reich an Arten.

Acanthaclisis hat sowohl im Habitus, kräftigem Körperbau, Flügelform und Färbung, als auch in dem Vorhandensein von 2 bis 3 Zellenreihen im Costalfeld der Flügel grosse Aehnlichkeit mit der Gattung *Stenares*, welche aber zusammen mit *Palpares* und anderen Gattungen durch die lange, rücklaufende Ader in den Hinterflügeln ausgezeichnet ist.

1. Acanthaclisis distincta

Rambur, Hist. nat. Névropt. p. 380; Hagen, Stettiner Entom. Zeit. XXI. 1860, S. 363.

Mittelgross, Flügelspannung 85 bis 90 mm. Thorax röthlichgrau mit schwarzen Langsstriemen, mässig lang grauweiss behaart. Costalfeld der Flügel nur mit einer Reihe von Zellen, im Spitzentheile Zellen zweireihig. Sporen der Schienen knieförmig gekrummt. Abdomen hellbraun, mit schwärzlicher Binde.

Sansibar (Hildebrandt), Saadani (Marz 1890, v. Nettelbladt); Kafuro in Karague, westlich vom Victoria-Nyansa (22. und 23. Marz 1891, Stuhlmann). — Delagoa-Bay, Caffrarien, Natal, Capland, Guinea, Congo-Gebiet, Senegambien.

2. Acanthaclisis dasymalla

Gerstäcker, Stettiner Entom. Zeit. XXIV. 1863, S. 174; Mitth. naturwiss. Ver. Neu-Vorpommern und Rügen, 25. Jahrg. 1894, S. 118.

Eine grössere Art, Flügelspannung 115 mm. Thorax hellröthlich aschgrau mit breiter mittlerer Längsbinde, dicht und lang zottig weiss behaart. Flügel nur mit einer Zellenreihe im Costalfeld, im Spitzentheile desselben Zellen zweireihig. Schienensporen einfach, sichelformig gekrummt. Abdomen dunkelbraun, mit hellröthlichen Makeln.

Lindi (nach Gerstäcker). — Delagoa-Bay, Caffrarien.

3. Acanthaclisis felina

Gerstaecker, Mitth. naturwiss. Ver. Neu-Vorpommern und Rügen, 25. Jahrg. 1894, S. 118.

Eine recht grosse Art, Flügelspannung 125 mm. Thorax lang und wollig weiss behaart, Behaarung oberhalb schwarz und weiss gemischt. Prothorax matt pechschwarz mit zwei breiten rostgelben Langsbinden; die beiden hinteren Thoraxringe röthlichgrau, auf der Mitte des Ruckens mit kohlschwarzen Langsstriemen. Costalfeld gegen den Flügelgrund plötzlich verschmalert, in den ersten zwei Dritteln ihrer Lange mit einfacher Zellenreihe, die Queradern in der Nähe des Pterostigma plötzlich gegabelt. Schienensporen rechtwinkelig gebogen.

Lindi (nach Gerstäcker).

Gattung Syngenes n. g.

Mit *Acanthaclisis* nahe und zunächst verwandt, aber der Körper viel schwächer gebaut, dünn, einem kräftig gebauten *Myrmeleon* ähnlich. Antennen gegen die Spitze schwach verdickt. Thorax verhältnissmässig viel weniger dick. Prothorax langer als breit. Flügel breiter als bei *Acanthaclisis*, am Ende stumpf abgerundet; Costalfeld der Vorderflügel breiter als in dieser Gattung, mit einer bis zwei Zellenreihen, in ersterem Falle die Queradern theilweise gegabelt. Schienensporen stark gekrümmt.

Die Gattung enthält, soweit bekannt, nur eine, auf das tropische Afrika beschränkte Art (*debilis* Gerst.), die sich sowohl im Osten, wie im Westen findet.

1. Syngenes debilis

Gerstacker, Mitth. naturwiss. Ver. Neu-Vorpommern und Rügen. 19. Jahrg. 1888, S. 100. (*Acanthaclisis*).

Die Art ist graugelb gefärbt und dunkler gesprenkelt.

Lindi (von Dr. Staudinger erhalten); Wangi bei Lamu-in Witu (Tiede, von den Herren Gebrüder Denhardt erhalten); West-Afrika: Lagos, Togo.

Gattung Cymothales

Gerstäcker, Mitth. naturwiss. Ver. Neu-Vorpommern und Rügen. 25. Jahrg. 1894. S. 127.

Eine durch die Bildung des Scheitels und die Form und Zeichnung der Flügel ausgezeichnete Gattung. Vorderflügel breit, am Ende stumpf zugerundet; Hinterflügel viel länger als jene, lang und schmal zugespitzt. Beide Flügel am Hinterrande vor der Spitze ausgeschweift. Ausser anderen Zeichnungen nimmt eine zerrissene oder zerschlitzte Fleckenzeichnung den Apicaltheil der Vorderflügel ein. Nervatur der Flügel derjenigen von *Macronemurus* einigermaassen ähnlich. Area posteubitalis im Vorderflügel am hinteren Ramulus des Cubitus posticus mit 3 bis 4 Zellen.

Kopf mit erhabenem Scheitel, der von vorn nach hinten zusammengedrückt ist und wie eine Querleiste erscheint, diese beiderseits mit hervortretender höckerförmiger Spitze. Antennen im Endtheil nur schwach verdickt. Beine schlank und sehr zart; erstes Tarsenglied etwa so lang wie das fünfte. Schienensporen so lang wie die beiden ersten Tarsenglieder.

Die wenigen Arten dieser Gattung kommen in West- und Ost-Afrika und bis Natal vor.

1. Cymothales dulcis

Gerstacker, a. a. O. S. 130.

»Niger, flavo-varius, antennis pedibusque testaceis, femoribus anticis apice excepto nigro-piceis nigroque hirtis; alis hyalinis, splendide iridescentibus, rufescenti-venosis, apice fulvopicto, anticarum insuper fasciis duabus obliquis, posticarum macula interna angulata piceis. Mas. — Long. corp. 31. ant. 9, alar. ant. 35. post. 39 mm. — Patria: Lindi Africae orientalis.«

Der *C. eccentros* Wlk. von Port Natal ist eine nahe verwandte Art. Diese unterscheidet sich jedoch nach Gerstäcker von *dulcis* durch das schwarze Flügelgeäder, die in zwei Flecke aufgelöste Mittelbinde der Vorderflügel, die helle Färbung aller drei Schenkelpaare u. s. w.

In der Anlage der dunklen Binden- und Fleckenzeichnung gleicht *dulcis* in der Hauptsache der *C. mirabilis* Gerst. aus Kamerun, jedoch ist die wolkige Zeichnung im apicalen Drittel viel lichter und theilweise wasserig braun. Das Costalfeld beider Flügel ist in seiner ganzen Ausdehnung, besonders im Bereich des Pterostigma merklich breiter.

2. Cymothales speciosus n. sp.

Piceus, antennis pallide testaceis, harum apice vix brunnescente. capite lineis pallidis supra signato, prothorace longitudinaliter quadrilineato; meso- et

metathorace flavo-lituratis; pedibus pallidis, pedum anticorum femoribus nigro-
piceis et dense nigro-hirsutis, apice pallida excepta; pedum posticorum femoribus
prope apicem infuscato tibiisque ad basin semiannulatis; alis hyalinis, vitreis,
iridescentibus, fusco-maculatis et fasciatis fasciaque lata, irregulari, apicem alae
insidente et maculam hyalinam apicalem difformem amplectente, ornatis; alis
anticis praeterea fascia subbasali obliqua, angustata, irregulari, tum macula
antemediana antica, quae spectat ad maculam obliquam medianam marginis
postici, alisque posterioribus macula postmediana postica obliqua praeditis;
venis aliquot alarum omnium longitudinalibus (vena radiali, sectore longo venae
cubitalis costaque postmarginali) fusco-guttatis.

Long. corp. 37,5 expans. al. 92, long. al. ant. 39,5, long. al. post. 45,5 mm.

Dem *C. eccentros* Wlk. aus Natal (nach der Beschreibung zu urtheilen) sehr
ähnlich, aber die Spitze der Antennen ist nicht schwarz, sondern kaum leicht
angedunkelt. Die Vorderschenkel sind schwarz oder schwarzbraun mit schwarzer
Beborstung, am Grunde braun, an der Spitze blassgelb, wie die Beine überhaupt;
bei *eccentros* sind nach Walker die Beine ganz scherbengelb. Die Flügeladern sind nicht schwarz, sondern braun mit weissen Adern untermischt; die
Flecken- und Bindenzeichnung scheint bei beiden Arten sehr ähnlich zu sein.

Dagegen giebt Gerstacker von *C. dulcis* an, dass die etwas verdickten
Vorderschenkel bis auf die breite Spitze intensiv pechbraun und im Bereich dieser
Färbung auch noch schwarz behaart seien. Das ist auch bei *C. speciosus* n. sp.
der Fall. Ferner ist bei *dulcis* das apicale Viertel der Vorderschienen ebenfalls
pechbraun, bei der neuen Art dagegen nur die äusserste Spitze der Vorder- und
Hinterschienen oberseits braun, an den Tarsen aber nur das letzte Glied schwach
gebraunt. Die Zeichnung im apicalen Theil der Vorderflügel ist eine andere.
Die mediane Schrägbinde der Vorderflügel ist bei *C. dulcis* ganz, bei *speciosus*
in der Mitte weit unterbrochen. Auch der am Hinterrande der Hinterflügel be-
findliche Fleck ist anders geformt.

C. speciosus n. sp. ist daher eine gut unterschiedene Art. Der Kopf ist
pechschwarz, Stirn und Scheitel mit blassröthlichen schmalen Linien versehen;
Antennen blass scherbengelb, am Grunde schwärzlich, an der Spitze schwach
lichtbräunlich. Brust mit abstehenden, zerstreuten, langen, weissen Haaren besetzt.
Prothorax pechschwarz, 1¾ mal so lang als breit, mit vier blassen Längslinien;
Meso- und Metathorax gleichfalls pechschwarz mit blassen Zeichnungen. Flügel
ganz hyalin, Adern grossentheils braun, Längsadern theilweise und die vielen
Queradern der Basalhälfte weiss oder blassgelb; die Queradern des Costalraumes
(namentlich der Vorderflügel) weiss mit braunem vorderen Ende. Der Radius,
der Cubitus und die Postcostalader aller Flügel mit schwarzbraunen Tüpfelflecken,
die am Radius grösser sind. Vorderflügel mit schmaler, schräger, ungleich-
förmiger Subbasalbinde, einer in der Mitte weit unterbrochenen Submedianbinde,
von der der vordere Fleck fast doppelt so breit als lang, dazu etwas gebogen
ist und nach innen einen kurzen Zweig aussendet, während der hintere Fleck
länglich dreieckig ist, mit der breiten und hinten ein hyalines Feldchen um-
schliessenden Seite am Rande des Flügels. Ein massig grosser, nierenförmiger
Fleck am Radius zu Beginn des apicalen Drittels und eine den ganzen Apical-
rand von vorn nach hinten um die Spitze herum begleitende, unregelmässig gestaltete,
theilweise zerrissene und hyaline Feldchen umschliessende Fleckenzeichnung im
Spitzentheile des Flügels. In den Hinterflügeln eine schräge, dunkle Makel jenseits der Mitte am Hinterrande und eine Fleckenzeichnung im apicalen Theile
der Hinterflügel, ähnlich wie in den Vorderflügeln, nur kleiner. In allen Flügeln
eine unregelmässig gestaltete hyaline Makel unmittelbar unter der Flügelspitze.

Beine blassgelb, mit abstehenden, zerstreuten, langen, weissen Haaren besetzt;
Schenkel der Vorderbeine pechbraun bis pechschwarz mit rein schwarzer Behaarung, Spitze blassgelb. Schenkel der Hinterbeine vor der Spitze mit einem

braunen und die Schienen mit einem schwarzen Halbring vor der Spitze.
Aeusserste Spitze der Schienen der Vorder- und Hinterbeine braun, Spitze der
Tarsenglieder gebräunt. Hinterleib kürzer als die Flügel, pechbraun, Unter-
seite und Längsmakeln auf dem 4. bis 7. Segment blassgelb.

Gattung Myrmeleon

Linné, Syst. Natur. ed. XII, p. 913; Hagen, Stettiner Entom. Zeit., Jahrg. XIII,
S. 92; ebenda Jahrg. XIX, S. 122; ebenda Jahrg. XXI, S. 367; Mac Lachlan,
Journ. Linn. Soc. London, Zool. Vol. IX. 1868, p. 274. (*Myrmecoleon.*)

Flügel breit oder mässig schmal, in den Vorder- und Hinterflügeln die
hintere Cubitalader eine kräftige Gabel bildend, deren hinterer Ast in grossem
Winkel divergirend und kurz oder mässig lang. Sporen der Schienen nicht länger
als das erste Tarsenglied, meist kürzer, gerade oder schwach gebogen. Hinterleib des Männchens ohne eigentliche Analanhänge.

Die Larven bauen Trichter.

Verbreitung der Gattung über alle Erdtheile.

1. Myrmeleon nigridorsis n. sp.

M. tristi Wlk. similis, minor, alis hyalinis, immaculatis, angustioribus, corpore
nigro; antennis atris, articulis duobus basalibus nigris vel nigro-castaneis; epistomate
flavo-albido-marginato, labro ferrugineo, sinuato; vertice maculis alboflavis quatuor
ornato; pronoti lateribus sinuatim flavo-albidis; meso- et metascutello postice
albido-flavo-marginatis; coxis nigris, trochanteribus flavo-albidis, pedibus anterioribus rufobrunneis, tarsis ferrugineis; pedibus posticis flavis, femoribus nigris, basi
flavo-albida, apice ferrugineo, tibiis intus nigris; tarsis subferrugineis, articulo
ultimo brunneo; calcaribus tibiarum metatarso parum brevioribus; pterostigmate
alarum vix notato; area cubitali alarum anticarum inter cubiti anterioris ramum
posticum et cubitum posticum quatuor areolis exstructa, tribus autem area cubitali alarum posticarum; abdomine nigro vel fusco, segmento ultimo flavido. —
Expans. alar. 49—65, long. corp. 21—29 mm.

Kitui in Ukamba (Hildebrandt).

Sogleich erkennbar an der schwarzen Färbung des Körpers und den un-
gefleckten Flügeln, an denen selbst das Pterostigma kaum durch eine Trübung
angedeutet ist. Die Art ist dem *M. tristis* Wlk. ähnlich, unterscheidet sich von
diesem aber durch die etwas schmaleren Flügel, das kaum erkennbare Pterostigma
und den anders gefärbten Körper. An dem schwarzen Kopfe ist nur der Vorderrand des Epistoms, je ein Fleck unter den Augen neben den Mundtheilen und
4 Flecken auf dem Scheitel (je 2 neben den Augen) weissgelb. Seiten des Pro-
notums buchtig weissgelb, sonst schwarz. Meso- und Metathorax und der Hinterrand des Scutellums weissgelb. Auch die Coxen schwarz, aber die Schenkel-
ringe weissgelb. Die beiden Vorderbeinpaare roth oder bräunlichroth, Tarsen
rostfarben. An den blassen Hinterbeinen sind die Schenkel grossentheils glänzend
schwarz, die Basis weissgelb wie die Trochanteren, die Spitzen rostfarben; die
Innenseite der Schienen schwarz, die Tarsen rostfarben. Hinterleib einfach braunschwarz, nur die letzten Segmente gelblich.

2. Myrmeleon tristis

Walker, Catalogue of the Neuropterous Insects of the British Museum.
Part. II. 1853. p. 373; Mac Lachlan, Journ. Linn. Soc. IX. p. 279.

Sansibar, Ndi (Hildebrandt); N. Usambara: Tewe (Meinhardt); Kakoma in
Ugunda (Dr. R. Böhm); Pangani. — West-Afrika: Gebiet des unteren Kongo,
Chinchoxo; Sierra Leone.

3. Myrmeleon punctatissimus

Gerstaecker, Mitth. naturwissensch. Ver. f. Neu-Vorpommern und Rügen, 25. Jahrg. 1894, p. 142.

»Vitellinus, parce albo-pilosus, nigro-pictus, alis obtuse lanceolatis, dilute infuscatis, ubique confertim fusco-conspersis, pterostigmate cum subcosta posteriore dilute sanguineis. ♀ Long. corp. 36, alar. ant. 27, post. 24 mm.« Lindi.

Ein Exemplar der Königl. Sammlung vom Fusse des Kilimandscharo gehört sehr wahrscheinlich zu dieser Spezies. Die leicht wässerig gebräunten Flügel sind an der Vereinigungsstelle aller Längs- und Queradern schwarz getüpfelt, so dass die Tüpfelung der Flügel eine sehr reichliche ist. Auf dem Hinterkopfe befinden sich jederseits nicht zwei, sondern vier schwarze Fleckchen, die paarweise miteinander verbunden sind. Länge des Körpers 28 mm, Länge der Vorderflügel 32,5, Länge der Hinterflügel 30 mm.

Die Art ist mit *M. mysteriosus* Gerst. verwandt.

4. Myrmeleon mysteriosus
(Taf. Fig. 8)

Gerstaecker, Mitth. naturwissensch. Ver. f. Neu-Vorpommern und Rügen, 25. Jahrg. 1894, p. 141.

Flavescens, nigro-maculatus et vittatus, antennis fusco-atris, pedibus flavis, tibiarum annulo apiceque et apice tarsorum nigris, femoribus extus nigro-punctatis; alis secundum marginem anticum flavescentibus, venis venulisque albo et nigro variegatis, axillis venularum fere omnium, praesertim venularum anticarum, nigro-fusco tinctis; prope apicem alarum omnium fascia tota hyalina striaque interiore prope hanc fasciam obliqua fuscis; pterostigmate intus atro-fusco picto, extus albo; alis posticis quam anticis brevioribus.

Expans. alar. 49—58, long. corp. 24—25 mm.

Saadani (März und April 1890, v. Nettelbladt); Dar-es-Salaam; Lindi (von Staudinger erhalten); Kakoma in Ugunda (Dr. R. Böhm). — Delagoa-Bay.

Diese Art ist dem *M. variegatus* Kl. (Arabien) sehr ähnlich; aber die Flügel sind breiter und reichlicher tingirt; Kopf reichlicher gezeichnet und die Antennen braunschwarz; Vorder- und Mittelschienen unterhalb der Mitte mit schwarzbraunem Ring.

Die Schienensporen sind auffallend kurz; wahrscheinlich bilden *mysteriosus* und *variegatus* eine besondere Untergattung von *Myrmeleon*.

5. Myrmeleon kituanus n. sp.

Ater, subsericeus, epistomate labroque ferrugineis, hoc antice obtuso; antennis fuscis apicem versus nigricantibus, clava infra ochracea; pronoto flavo-quadrivittato, vittis nigro-fuscis postice confluentibus; meso- et metanoti scutello utriusque postice ferrugineo; alis elongatis, acuminatis, hyalinis, immaculatis, venis nigro- et flavo-variegatis vel potius axillis venarum venularumque obscuratis; pterostigmate subturbato; coxis anticis pedibusque omnibus testaceis vel ferrugineis, calcaribus unguiculisque nigris, longis, gracillimis; coxis posterioribus atrofuscis; abdomine atro immaculato, apice flavo.

Expans. alar. 66, long. corp. 34mm.

Kitui in Ukamba, Britisch-Ostafrika (Hildebrandt).

Flügel schmal, zugespitzt, ungefleckt. Adern schwarz oder braun, gelb unterbrochen. Es ist die Verbindungsstelle der Queradern mit den Längsadern, an welcher die Adern dunkel gefärbt sind, während das zwischenliegende Stück zwischen je zwei Queradern gelb ist. Das Pterostigma ist durch eine Trübung der Membran angedeutet.

2*

Körper grösstentheils mattschwarz, Epistom und Labrum rostgelb; Scheitel ganz schwarz, ungefleckt; Antennen braun, gegen die Spitze hin schwarz, Keule unterseits ocherfarben. Pronotum gelb mit 4 braunen Längsbinden, welche sich hinten vereinigen. Auf dem Meso- und Metanotum ist nur das Scutellum hinten braungelb. Vorderhüften rostgelb, Mittel- und Hinterhuften schwarz. Beine rostgelb, Krallen und Sporen schwarz, Borsten grösstentheils schwarz, an den Schenkeln theilweise weisslich; Sporen kaum kurzer als der Metatarsus. Abdomen schwarz, Spitze gelblich.

6. Myrmeleon rapax n. sp.

Fuscus, pallidus, capite antico et infero albido-flavo; palpis albidis, articulo ultimo nigro; labro brunneo, emarginato; epistomate fusco-bimaculato; fronte plaga magna reniformi transversa, guttam flavidam includente, ornata, fascia transversa circa basin antennarum nigra; vertice cum occipite rufo-brunneo, nigro 5-maculato; segmentis thoracalibus supra fuscis, opacis, pronoto maculis 9 flavis pallidis subornato; alis elongatis, angustis, hyalinis, immaculatis; pterostigmate minuto albo; venis venulisque alarum fere totis nigris vel fuscis, vena subcostali tantum fusco- et albo-varia; pedibus flavo-pallidis, femoribus tibiisque fusco-striatis, tarsis ferrugineis; calcaribus tibiarum unguiculisque brunneis, brevibus, illis metatarsum medium vix superantibus; abdomine flavescente, segmentis dorsalibus lateraliter apiceque atris.

Expans. alar. 86mm.

Dem *M. lynceus* F. ähnlich, aber die Flügel ungefleckt und der weisse Fleck des Pterostigma kleiner. Das Cubitalfeld der Vorderflugel ist kürzer und breiter und mit einer geringeren Zahl von Zellen versehen. Das Costalfeld ist im Spitzentheile aller Flügel viel schmäler.

Kopf recht bunt gefarbt; Labrum schwarzbraun, ausgerandet; Epistom und Wangen weissgelb, jenes mit zwei braunschwarzen Flecken. Stirn mit einem grossen schwarzen Fleck, welcher einen weissgelben Fleck einschliesst, eine die Fühlerwurzeln umfassende Querbinde schwarz; Scheitel und Hinterkopf rothbraun mit fünf schwarzen Flecken. Rücken der Thoraxsegmente mattbraun, Pronotum mit neun blassgelben Flecken. Beine blassgelb, Schenkel und Schienen theilweise mit bräunlichen Längsstreifen; Tarsen rostgelb, Krallen kurz, braun; Sporen viel kürzer als der Metatarsus, braun. Abdomen (nur theilweise noch vorhanden) graugelb, Segmente oben, an den Seiten und am Ende mattschwarz.

Kafuro in Karugue, westlich vom Victoria-Nyansa (4. März 1891, Dr. F. Stuhlmann).

Das einzige Exemplar befindet sich in schlechtem Erhaltungszustande; es war von einem Vogel gefangen, aber wieder fallen gelassen (Notiz von Dr. Stuhlmann).

Gattung Formicaleo

Brewster, Edinburgh Encyclop. Vol. IX. 1815, Part I, p. 138; Brauer, Verhandl. bot.-zool. Gesellsch. Wien, V. S. 719; ebenda XV. S. 904.

Mit *Myrmeleon* verwandt, Antennen länger, schlank, im Apicalende schwach oder kaum verdickt. Flügelgeäder ähnlich wie bei *Macronemurus*. Schienensporen gekrümmt, so lang wie die drei bis vier ersten Tarsenglieder; erstes Tarsenglied kurzer als fünftes. Analanhänge des Männchens sehr verkurzt. — Die Larven bauen keine Trichter und gehen vorwärts.

Europa, West-Asien, Süd-Asien, Ozeanien, Neu-Holland, Mittel- und Süd-Amerika, Afrika. Aus Ost-Afrika nicht bekannt. Es ist aber wahrscheinlich, dass der *F. leucospilus* Hag., welcher aus Mosambik, der Delagoa-Bay und vom Congo (nördlich von der Mündung desselben bei Chinchoxo) vorliegt, auch bis Deutsch-Ost-Afrika verbreitet ist.

Gattung Myrmecaelurus

Costa, Fauna di Napoli, Myrmel. 1855, p. 10.

Flügel ziemlich breit; Geader ähnlich wie bei *Myrmeleon*, hinterer Gabelast des Cubitus posticus kurz, divergent; Zellen der Area cubitalis unter dem hinteren Aste des Cubitus posticus in geringer Zahl (2 bis 4). Beine kräftig, Schienensporen wenig gebogen, so lang wie das erste oder die beiden ersten basalen Glieder der Tarsen. Erstes Tarsenglied kürzer als fünftes. Hinterleib des Mannchens mit kurzen, oft eingezogenen Analanhängen, oberseits vor der Spitze mit Pinselhaaren. — Die Larven bauen Trichter.

Süd-Europa, West-, Ost- und Süd-Asien, Nord-Afrika und Senegambien.

Gattung Macronemurus

Costa, Fauna di Napoli, Myrmeleont., 1855, p. 2; Hagen, Stettiner Entom. Zeit. Jahrg. XXI. 1860, S. 42 u. 366; ders., Stettiner Entom. Zeit. Jahrg. XXVII. 1866, S. 372.

Flügel schmal, Hinterrand des Spitzentheils meist einfach, nicht oder wenig ausgeschweift. Im Vorderflügel die beiden Gabeläste der Cubitalgabel stark divergirend, der hintere Ast (ramus cubiti posterioris) mässig lang, vor der Mitte des Flügels in den Hinterrand ausmündend; hinteres Cubitalfeld (area post-cubitalis) hinter der Gabel des Cubitus nur mit wenigen (4 — 6) Zellen. Cubital-gabel der Hinterflügel ähnlich wie bei *Formicaleo*. — Schienensporen etwas ge-bogen, meist so lang wie die zwei oder drei ersten Tarsenglieder. Erstes Tarsen-glied kürzer als das fünfte. — Mannchen am Ende des schlanken und dünnen Abdomens mit 2 länglichen Anhängen. Abdomen des Weibchens viel kürzer als beim Männchen.

Aus Afrika waren bisher bekannt *M. reticulatus* Kl. (Capland), *callidus* Wlk. (Natal) und *conjuncus* Wlk. (Afrika). Ausserdem sind Arten aus Süd-Europa, West-Asien, Indien, Ceylon, Neu-Holland und Nord-Amerika bekannt.

Die Larven der europäischen Arten der Gattung bauen Trichter (J. Redten-bacher).

1. Macronemurus striola n. sp.

Fuscus, flavo-brunneo signatus; capite fusco, facie flavo, fronte summa fasciis ferrugineis et atris signata, vertice biguttato; prothorace 5-vittato, antice constricto, meso- et metanoto supra et lateraliter ferrugineo-signatis; abdomine supra plagis lateralibus maculisque flavescentibus colorato; alis vitreis, venis praecipue alarum anticarum fusco- et albo-variis et punctis in furcularum axillis venulisque transversis fuscis, alarum posticarum plaga fumida apicali angusta margini postico propiore brunneo; alis posticis quam anticis paulo longioribus; pedibus pallidis, flavis, femoribus tibiisque partim nigro-annulatis et punctulatis, setis rigidis femorum plerumque albis, tibiarum autem totis nigris. ♀

Long. corp. 20,5—22, expans. alar. 48—51, long. alar. ant. 23—24,5, alar. post. 23—25 mm.

Insel Sansibar und Festland Sansibar, 6° s. Br. (Hildebrandt).

Diese Art sieht einem *Creagris* ähnlich, da die Flügel ähnlich zugespitzt sind und im Spitzentheile der Hinterflügel ein schmaler Längswisch eine Ver-gleichung mit ähnlichen Arten dieser Gattung gestattet. Obgleich Exemplare mit verlängerten Analanhängen (Männchen) nicht vorliegen, wodurch die Zu-gehörigkeit zu *Macronemurus* festgestellt wäre, so stimmt das Flügelgeäder doch ganz mit dem von *Macronemurus* überein.

Körper schwarzbraun mit dunkelgelben (gelbbraunen) Zeichnungen. Kopf vorn gelb, um die Basis der Antennen schwarz; Scheitel abwechselnd mit zwei hellbraunen und zwei sammetschwarzen (zuweilen in Flecken aufgelösten) Querbinden, hinten ausserdem mit zwei hellbraunen Flecken. Antennen braun, röthlich geringelt; Prothorax braun, vorn eingeschnürt, mit fünf gelbbraunen Längslinien; Meso- und Metathorax dunkelbraun, oben mit lichtbraunen Flecken und Streifen, an den Seiten und unten mit gelbumranderten Seitenstücken; die Gegend um die Hüften, die Hüften selbst und die Basis der Flügel hellgelb. Flügel lang, schmal, zugespitzt, namentlich die hinteren, diese etwas länger als die vorderen; alle Flügel glashell, in den Achsen und langs der zahlreichen Queradern braun getüpfelt und tingirt, aber mehr auf den vorderen, als auf den hinteren Flügeln; auf diesen ein bräunlicher Längswisch nahe dem Hinterrande im Spitzentheile. Pterostigma kaum durch eine schwache Verdunkelung angedeutet, aber Subcosta und Radius in allen Flügeln an ihrem Vereinigungspunkte am Pterostigma schwarz. Beine blassgelb, Schenkel und Schienen theilweise mit einigen schwarzen Ringen oder Flecken. Schienen mit schwarzen, Schenkel mit langen weissen und einzelnen schwarzen Borsten. Sporen der Vorder- und Mittelschienen von der Länge der beiden ersten Tarsenglieder, die der Hinterschienen von der Länge des ersten Tarsengliedes. Hinterleib dunkelbraun, oberseits vorn dritten Gliede an mit gelben Langswischen an den Seiten.

2. Macronemurus tinctus n. sp.

(Taf. Fig. 7.)

Flavescens, nigro-maculatus; capite summo circa basin antennarum, vitta media usque ad thoracem ducta et puncto verticis singulo vittae annexo, maculaque juxtaoculari nigris; antennis fuscis flavo-annulatis; prothorace 5-vittato, vitta media antice furcata; meso- et metathorace trivittato, vitta media antice furcata, vittis lateralibus punctum flavum includentibus; alis hyalinis subangustis, breviter acuminatis, pone apicem paulo sinuatis, anticarum venulis transversis numerosis fere totis umbrino-limbatis maculaque minima in furcularum axillis posticarum et apicalium umbrina, venis longitudinalibus plerisque albo et fusconigro variis; alis posticis quam anticis paulo longioribus, venulis transversis multo minus umbrino-limbatis, plerisque simplicibus, in furcularum autem axillis, praesertim apicalium, macula singula umbrina distincta; pterostigmate alarum omnium saturate albido-flavo; pedibus flavis, tibiis anterioribus paulo nigroannulatis; abdomine rufo vel infuscato, subtus fusco, annulo apicali interdum pallidiore, dorso segmentorum duorum priorum plus minusve infuscato, appendicibus maris analibus longis, fuscis, basi pallidioribus.

Long. corp. ♂ 32—35, ♀ 25—29, expans. alar. 54—65, long. alar. ant. 24—30, alar. post. 25—32 mm.

Kitui in Ukamba und Ndi (Hildebrandt); Kakoma in Ugunda (Dr. R. Boehm). Delagoa-Bay (Monteiro).

Charakteristisch sind für diese Art die zahlreichen, bräunlichen, kurzen Querstrichel, namentlich auf den Vorderflügeln. Diese Strichel sind dadurch entstanden, dass die zahlreichen Queradern beiderseits von umbrabrauner Färbung der Membran begleitet sind. Ferner ist ein Achselfleck der zahlreichen Gabeläderchen am Hinter- und Apicalrande braun, letztere auch auf den Hinterflügeln, denen im Uebrigen in ihrer ganzen Länge die bräunliche Querstreifung fast ganz fehlt, nur die dem Hinterrande und der Spitze näheren Queradern sind von einem bräunlichen Schatten begleitet. Das Pterostigma ist gesättigt gelbweiss. Kopf und Brust sind gelb und mit schwarzen Zeichnungen versehen, während der Hinterleib bräunlichroth ist (bei einem ♀ aus Kakoma dunkelbraun). Beine hellgelb, Vorder- und Mittelschienen mit einem braunschwarzen Ringe, alle Schienen mit schwarzer Spitze. Schienensporen an allen Beinen bis zum dritten Tarsengliede reichend. Borsten der Schenkel weisslich, der Schienen schwarz.

3. Macronemurus interruptus n. sp.

Griseo-flavescens, fronte fascia nigra ante basin antennarum maculisque duabus pone harum basin signata; antennis albogriseis nigro-annulatis; thorace nigro-maculato; alis angustis, elongatis, breviter acuminatis, venis plurimis interrupte nigro- et albo-variis; alarum anticarum (minus posticarum) venulis, praesertim transversis, per areas majores aut totis albis aut nigris et fuscolimbatis fasciasque indistinctas praebentibus; subcosta et radio prope pterostigma conjunctis striam nigram brevem formantibus; pterostigmate albo, in alis anticis macula nigra interiore praedito; pedibus flavo-pallidis (postici tantum adsunt), partim nigro-annulatis; abdomine fuscato.

Long. corp. 29, expans. alar. 61, long. alar. ant. 29³/₄, alar. post. 28,5 mm.

Buginda, südlich vom Albert-Nyansa, 1 ♀ (8. Juli 1891, Stuhlmann).

Die Art ist grösser als *M. striola* m. und ausgezeichnet durch das weisse Pterostigma, welches auf den Vorderflügeln mit einem schwarzen Fleck im Innenwinkel versehen ist. Das Geäder aller Flügel ist stellenweise entweder ganz weiss oder ganz braunschwarz, so dass einige aufgelöste Querbinden entstehen. Die meisten Längsadern sind abwechselnd schwarz und weiss. Subcosta und Radius bilden bei ihrer Vereinigung am Pterostigma einen schwarzen Strich.

Auf dem hellbräunlichen Scheitel stehen acht schwarze Flecken in zwei Reihen, und zwar in der vorderen Reihe drei, in der hinteren Reihe fünf. Stirn vor der Fühlerbasis mit schwarzer Querbinde und hinter der Fühlerbasis auf der dreieckigen Platte mit zwei schwarzen Flecken. Thorax gelbbraun mit schwarzen Flecken.

Beine (nur die Hinterbeine sind vorhanden) blassgelb, theilweise schwarz geringelt. Borsten der Schenkel meistens weiss, die der Schienen schwarz. Schienensporen bis zum vierten Tarsengliede reichend.

4. Macronemurus lepidus n sp.

Nigricans, epistomate, labro palpisque pallide testaceis, thorace toto supra atro-cinereo, atro-vittato et maculato; alis hyalinis, subacuminatis, eadem longitudine ac illis, alarum anticarum venis longitudinalibus venulisque transversis plerumque nigro- et albo-variis, in parte alae apicali et postica vena cubitali ad venas transversas fusco-tincta, gutta quaque furcarum basali apicalium et posticarum fusca, venulis transversis et obliquis plerisque fusco-cinctis; alarum posticarum venis venulisque plerisque fuscis, subcosta et radio flavo- et fusco-variis, furculis plerisque partis apicalis et posticae basi fusco-guttatis; pedibus pallide testaceis, anticorum femoribus infra, tibiarum annulis tribus (basali, medio, apicali) articulisque tarsorum secundo, tertio, quarto dimidioque quinti nigris; mediorum femoribus (apice et basi exceptis), tibiarum annulis duobus (apicali et submediano) nigris; posticorum femoribus in dorso et puncto apicali laterali tibiisque et articulis tarsorum apice nigris.

Expans. alar. 44, long. alar. antic. et postic. singulis 21,5, long. corp. 24,5 mm.

Dem *M. reticulatus* Kl. aus dem Capland ähnlich, aber kleiner und mit deutlichen Tüpfeln auf den Flügeln. Der Körper ist schwärzlich, die Antennen fehlen; die Beine sind z. Th. blass und schwarz geringelt und gefleckt. Flügel hyalin, namentlich im apicalen Viertel, die Vorderflügel auch vor dem Hinterrande mit dunklen Tüpfeln und Strichen versehen.

Ost-Afrika, ? Usambara (F. Fischer).

Gattung Creagris

Hagen, Stettiner Entom. Zeit. XXI., 1860, S. 364; ebenda 1866, S. 372.

Flügel lang und schmal, am Ende schmal zugespitzt, Spitzentheil der Hinterflügel am hinteren Rande meist ausgeschweift. Cubitalgabel der

Vorderflügel lang, die beiden Gabeladern bald nach der Gabelung einander parallel, hinterer Gabelast etwa in die Mitte des Hinterrandes ausmündend. Hinteres Cubitalfeld (area postcostalis) hinter der Gabelung vielzellig (mit mehr als 10 Zellen). Cubitalader im Hinterflügel einfach; Analader verlängert. Sporen so lang wie die ersten zwei, drei oder vier Tarsenglieder. Erstes Tarsenglied kürzer als fünftes (nur bei *gracilis* Kl. viel länger).

1. Creagris diana n. sp.

Major, flavescens; antennis brunneo-testaceis, apice infuscato; capite summo circa basin antennarum late infuscato vittaque fusca continua, verticem medium permeante et in dorso segmentorum dorsalium continuata, praedito; vittula pronoti inconspicua laterali maculisque singulis meso- et metanoti lateralibus itidem fuscis; alis hyalinis, angustis, elongatis, venis fuscis aut flavidis, area pterostigmatica longa venisque obliquis roseis; alis posterioribus quam anterioribus multo longioribus, lanceolatis, angustis, acuminatis, nubila longa apicali, usque ad apicem ipsum et marginem posteriorem subapicalem totum pertinente, fusco-umbrina; abdomine fusco-testaceo, segmentis mediis, interdum quoque posterioribus, plus minusve nigrescentibus, nonnunquam segmento uno, tertio vel quarto, solo nigro, segmentisque apicalibus flavopallidis lineaque tantum dorsali mediana longitudinali fusca; pedibus pallide testaceis, femoribus tibiisque subtus leviter fusco-tinctis, Long. corp. 41—48, expans. alar. 101,5—105, long. alar. ant. 44,5—47,5, long. alar. post. 49,5—52,5 mm.

Dar-es-Salaam (Zickendraht), Muansa am Sudufer des Victoria-Nyansa (von Suffert erhalten).

Viel grösser als *C. nubifer* m., aber dieser Art ähnlich, jedoch die Hinterflügel beträchtlich länger als die Vorderflügel, am Ende schmäler und spitzer, der braune Längswisch im Spitzentheile breiter, in die ausgezogene Spitze selbst mündend und hinten bis an den Hinterrand reichend. Auch die Körperfärbung ist eine andere. Kopf hinten gelb, zwischen den Augen um die Basis der Antennen schwarz, mit einer breiten mittleren Längsbinde auf dem Scheitel, welche sich mit dem Schwarzbraun der Stirn verbindet. Vorderkopf ganz blassgelb, ungefleckt. Prothorax etwa so lang als breit, hinten breiter, blassgelb, auf dem Rücken mit blassbrauner oder brauner, seitlich ausgezackter mittlerer Längsbinde und jederseits hinten mit abgekurzter schmaler Seitenbinde. Auch Meso- und Metathorax blassgelb, auf dem Rücken mit brauner, seitlich ausgezackter, mittlerer Längsbinde und jederseits mit einem braunen Fleck vorn und hinten neben der Flügelbasis.

Flügel ganz hyalin, Randadern braun, Längs- und Queradern der Vorderflügel grösstentheils hellgelb, Radius braun, aber am Grunde gelb, auch die hinteren Längs- und Queradern theilweise braun. Die meisten Adern der Hinterflügel bräunlich, nach dem Grunde zu gelb, Radius ganz gelb.

Abdomen am Grunde hell röthlichbraun, im Uebrigen schwärzlich, oder nur die mittleren Segmente (viertes oder fünftes oder beide) oben und unten schwärzlich, die letzten Segmente (7.—9.) blassgelb mit schmaler dorsaler dunkler Mittellinie. 7. Segment auch am Grund schwarz.

Beine blass gelbbraun, Schenkel und Schienen unterseits mehr oder weniger gebräunt. Schienensporen an den Vorderbeinen bis zur Spitze des dritten Tarsengliedes, an den Mittelbeinen bis zur Mitte des dritten Tarsengliedes, an den Hinterbeinen nur bis zur Mitte des zweiten Tarsengliedes reichend.

C. diana ist die grösste, mir bekannte Art der Gattung, und die Tendenz der Verschmälerung und Zuspitzung der Flügel, namentlich der Hinterflügel, ist bei ihr am weitesten getrieben. Dieser Entwicklungsgrad ist eine Begleiterscheinung der Grössenentwicklung, wie sie in entsprechender Weise auch in anderen Thiergruppen vorkommt.

2. Creagris nubifer n. sp.

Brunneus, capite thoraceque lactioribus, illo antice flavo, fronte circa et pone basin antennarum fasciaque verticis, thoracis totius supra plagis et nubeculis abdomineque fuscoatris vel fuscis, lateribus thoracis flavescentis atro-ornatis; abdomine fusco supra fere atro, segmenti tertii extremo apice anguste ferrugineo; pedibus flavo-brunneis, femoribus tibiisque interdum extus fusco-suffusis; antennis fuscis vel rufo-brunneis, clava fusco-atra lateraliter et infra pallida; alis angustis acuminatis, unicoloribus, hyalinis, margine propeapicali postice sinuato, venis flavidis vel ferrugineis, pterostigmate plaga ferrugineo suffusa indicato, alis posticis plaga nubilosa elongata umbrina apicali, mediam apicem tenente, nec marginem posticum nec anticum nec apicem ipsum tangente, praeditis.

Long. corp. 28—31, expans. alarum 59—72 mm, long. alar. ant. 28,5—34, alar. post. 29,5—35 mm.

Insel Sansibar, Festland Sansibar 6° s. Br. (Hildebrandt); Muansa am Südufer des Victoria-Nyansa (Oktober 1893, Langheld); Kinjawanga, nördlich vom Albert-Edward-See (11. Januar 1892, Stuhlmann). — Ausserdem in Ober-Guinea, bei Accra (Ungar).

Dem *C. plumbeus* Ol. Europas ähnlich, aber die Flügel länger, mehr zugespitzt und hinten unterhalb der Spitze deutlich ausgeschweift; namentlich die Hinterflügel spitz ausgezogen. Geader gleichmässig dunkelgelb. Pterostigma schwach lichtbräunlich. Hinterflügel im Spitzentheil mit einem beinahe in die Spitze einmündenden schmalen mittleren Langswisch von brauner, ungenau begrenzter Färbung, der weder den Vorder- noch den Hinterrand berührt, sondern ungefähr die Mitte des Spitzentheils der Länge nach durchzieht.

Körper röthlichbraun; Kopf vorn gelb, um die Basis der Antennen, zwischen den Augen hinter den Antennen und ein Querstreif des Scheitels, Theile des Meso- und Metanotums und das Abdomen dunkler braun. Brust unten gelb, an den Seiten mit schwarzbraunen Wischen.

Hinterflügel etwas länger als die Vorderflügel.

Beine bräunlichgelb. Schenkel oberseits in der Mitte und zuweilen auch die Schienen aussen angedunkelt. Sporen der Vorderschienen bis zur Mitte oder fast bis zur Spitze des vierten Tarsengliedes reichend, an den Mittelschienen nur bis zum Grunde des vierten Gliedes, an den Hinterschienen bis zur Mitte des dritten Gliedes reichend.

Antennen bräunlichgelb; Keule schwarzbraun, an den Seiten und unten hellgelb.

3. Creagris limpidus n. sp.

Praecedenti similis, rufo-fuscus, facie cum epistomate flavescente, fronte summa, vertice occipiteque fusco-atris, maculis duabus verticis pallidis; thorace supra fuscato ad partem atro, lobis singulis pallido cinctis; abdomine fusco; alis hyalinis minus angustis, infuscatis, nervis flavis, pterostigmate pallido; pedibus rufo-flavis, pallidis, femorum supra medio infuscato.

Long. corp. 26,5, expans. alar. 61, long. alar. ant. 29,5, alar. post. 29 mm.

Bussisi, südlich vom Victoria-Nyansa (4. Oktober 1890, Dr. F. Stuhlmann).

Dem *C. nubifer* m. ähnlich, aber die Flügel, namentlich die hinteren, etwas breiter, letztere ohne den braunen Langswisch im apicalen Theile. Kopf vorn ganz röthlichgelb, oben bis zum Hinterkopf schwarzbraun, jederseits auf dem Scheitel mit einem helleren Fleck. Sporen an den Mittel- und Hinterschienen bis zur Mitte des dritten Tarsengliedes reichend. Sporen an den Mittelschienen bis zum Ende des dritten Tarsengliedes, die der Hinterschienen nur bis zum Grunde des dritten Tarsengliedes reichend. Borsten der Schienen schwarz. Vorderbeine fehlen.

Gattung Gymnocnemia

W. G. Schneider, Stettiner Entom. Zeit. VI., S. 343.

Ausgezeichnet durch das Fehlen der Schienensporen und die ungewöhnlich langen Vorderbeine, an denen sowohl die Schenkel und Schienen, als auch die Tarsen sehr verlängert sind. Flügelgeader ähnlich wie bei *Macronemurus*.

Die typische Art (*variegata* Schneid.) lebt in Süd-Europa. Einige Arten sind aus Neu-Holland bekannt geworden, eine (*africana* M'Lachl.) vom Congo.

Familie Ascalaphidae, Schmetterlingshafte.

Körper gedrungen gebaut, bei manchen Formen schlank und dünn. Flügel verlängert, schmal, oder breit dreieckig, nach der Spitze zu verjüngt. Kopf ziemlich dick, behaart; Augen halbkugelförmig, einfach (Holophthalmi) oder durch eine Furche getheilt (Schizophthalmi). Antennen sehr lang, dünn fadenförmig, am Ende mit einem abgesetzten Knopfe. Brustabschnitt (Mittelkörper) kräftig gebaut, behaart oder zottig. Flügel am apikalen Ende mit einer mässigen Anzahl unregelmässiger Zellen. Beine ziemlich kurz, wie bei den Myrmeleontiden, Füsse ohne Haftläppchen. Flug schnell.

Larven denen der Myrmeleontiden ähnlich am Boden lebend, namentlich an feuchten Orten mit reichlichem Pflanzenwuchs; Bildung der Mandibeln und Körperform wie bei den Myrmeleontidenlarven, aber der Hinterleib mit gestielten Borstenwarzen reichlich besetzt.

Die Familie ist über alle Erdtheile verbreitet. Von den im Folgenden aufgeführten tropisch-afrikanischen Gattungen sind nur vier aus Ost-Afrika und ausserdem noch drei aus Südost-Afrika bekannt.

Uebersicht der Gattungen des afrikanischen Gebietes.

I. Gruppe (Holophthalmi).

Augen ganz, ohne Spur einer Theilungslinie.
A. Vorderflügel hinten mit einem schmalen Anhang (Appendix).
1. Antennen viel kürzer als die Flügel, einfach, ohne quirlstandige Haare am Grunde; Flügel sehr schmal   Melambrotus.
2. Antennen so lang wie die Flügel oder länger, mit quirlständigen Haaren am Grunde; Flügel am Grunde schmal, dann verbreitert . . . .   Tmesibasis.
B. Vorderflügel am Hinterrande ohne einen Appendix.
1. Thorax dick, stark behaart; Flügel ohne eigentliche Zeichnung, Nervatur grossmaschig; Antennen kürzer als die Flügel . . . .   Allocormodes.
2. Thorax schwach behaart. Flügel mit breiter, brauner, blasig aufgetriebener Binde im Apikaltheil und einem blasigen Flecken am Ende der breiten Cubitaladern; die Nervatur grossmaschig, aber in der dunklen Zeichnung sehr dicht-zellig; Antennen kürzer als die Flügel   Campylophlebia.

II. Gruppe (Schizophthalmi).

Augen durch eine furchenförmige Linie getheilt.
A. Vorderflügel hinten nahe dem Grunde mit einem schmalen Anhang (Appendix). Antennen mit quirlständigen Haaren im Basaltheile. Hinterleib des Männchens mit langen, zangenförmigen Analanhängen . . . .   Nephroneura.

B. Vorderflügel ohne einen Apendix am Hinterrande.
  1. Antennen mit quirlstandigen Haaren am Grunde.
     Hinterleib des Männchens mit Analanhängen.
     a) Antennen viel kürzer als die Flügel; Flügel
        lang, nach der Basis zu schmal, Nervatur eng-
        maschig; Hinterleib des Männchens am Ende
        seitlich mit membranartigen Erweiterungen, Anal-
        anhänge kurz . . . .   Helcopteryx.
     b) Antennen etwas kürzer als die Vorderflügel;
        Flügel ziemlich breit, Nervatur grossmaschig;
        Hinterleib des Männchens einfach, Analanhänge
        lang, zangenförmig . . . .   Proctarrelabris.
  2. Antennen einfach.
     a) Hinterleib des Männchens mit Analanhängen;
        Hinterflügel viel kürzer als die vorderen.
        α) Vorderflügel lang dreieckig, vor der Mitte am
           breitesten, Hinterrand gegen die Basis hin
           zweimal gebuchtet; Hinterflügel am Hinterrande
           gerundet-erweitert, vor der Mitte am breitesten;
           Abdomen des Männchens dick, cylindrisch .   Dicolpus.
        β) Vorderflügel schmal, von gewöhnlicher Form,
           am Hinterrande gerade oder gerundet; Ab-
           domen des Männchens am Grunde stark aufge-
           blasen, nach der Spitze zu verschmälert . . Encyoposis.
     b) Hinterleib des Männchens ohne Analanhänge
        (Männchen von Phalascusa unbekannt).
        α) Hinterleib einfach, ohne seitliche Haarbüschel;
           Flügel länglich, schmal oder verkürzt; Schienen-
           sporen der Hinterbeine fast so lang wie das
           erste Tarsenglied.
           αα) Flügel länglich, schmal; Hinterflügel etwas
               kürzer, am Hinterrande gegen die Basis
               hin abgerundet . . . .   Suphalasca.
           ββ) Flügel breiter und kürzer; Hinterrand der
               Hinterflügel gegen die Basis hin gerade . Phalascusa.
        β) Hinterleib an den Seiten mit Haarbüscheln;
           Flügel länglich dreieckig, von mässiger Länge,
           Netzwerk der Nervatur grossmaschig; Schienen-
           sporen der Hinterbeine viel kürzer als das
           erste Tarsenglied . . . .   Puer.

Gattung Melambrotus

Mac Lachlan, Journ. Linn. Soc. London, Zool. Vol. XI, 1871, p. 241.

Augen ganz, ungetheilt. Antennen verhältnissmässig kurz und dick, nur
halb so lang wie die Flügel, ohne quirlständige Haare am Grunde, Keule rundlich. Thorax oben einfach, an der Brustseite dicht behaart. Flügel lang und
sehr schmal, am Hinterrande gegen die Basis hin länglich ausgeschnitten; Vorderflügel hinten nahe der Basis mit einem Appendix; Nervatur ziemlich engmaschig.
Beine sehr kurz und mit kräftigen Dornen versehen. Schienensporen der Hinterbeine so lang wie die beiden ersten Glieder. Abdomen so lang wie die Flügel,
fast cylindrisch, beim ♂ ohne Analanhänge.

Die einzige Art M. nimia M'Lachl. findet sich in Damara.

Gattung Tmesibasis

Mac Lachlan l. c. p. 242.

Augen ungetheilt. Antennen viel länger als die Flügel, mit quirlstandigen Haaren am Grunde; Keule lang und schlank. Thorax kaum behaart. Flügel lang, schmal, am Grunde sehr verschmälert, die Vorderflügel am Hinterrande nahe der Basis mit einem langen Appendix, am Ende spitz; Nervatur ziemlich grossmaschig. Schienensporen so lang wie die drei ersten Tarsenglieder. Abdomen schlank, kürzer als die Flügel.

Die einzige Art *T. lacerata* Hag. ist in Mosambik zu Hause.

Gattung Allocormodes

Mac Lachlan, Transact. Entom. Soc. London, 1891, p. 512 (*Cormodes* Mac Lachlan, Journ. Linn. Soc. London, Zoolog. Vol. XI, 1871, p. 239).

Körper kräftig, kurz. Augen ungetheilt. Antennen kürzer als die Flügel. Keule länglich birnförmig. Thorax dick, lang abstehend behaart. Flügel lang, massig breit, am Ende stumpf, am Grunde nicht verschmälert, auch nicht mit einem Appendix versehen; Vorderflügel mit einem Ausschnitt an der Basis; Nervatur aller Flugel grossmaschig. Beine kurz; Schienensporen etwa so lang, wie die drei ersten Fussglieder. Abdomen kurz und dick.

Die einzige bekannte Art ist

1. Allocormodes intractabilis

Walker, Transact. Entom. Soc. London, 2 Ser. Vol. V., 1860, p. 196; Mac Lachlan, Journ. Linn. Soc. London, Zool. Vol. XI, 1871, p. 239; Gerstacker, Mitth. naturwiss. Ver. Neu-Vorpommern und Rügen, XXV. Jahrg. 1894, S. 100.

Kopf braun, vorn und um die Basis der Antennen schwarz behaart, Scheitel grauweiss behaart. Antennen braun, schwarz geringelt, Keule oben schwarz, unten braun. Thorax dunkel graugelb, dicht und lang grauweiss behaart, mit graubraunen Makeln und zwei kleinen runden, rein schwarzen Flecken zwischen den Grundtheilen der Vorderflügel. Flügel glashell mit zahlreichen einzelnen braunen Flecken und blassbraunen Strichen, welche z. Th. in beiden Flügelpaaren im apikalen Drittel eine unregelmässige, unterbrochene und sehr lockere und schmale Längsbinde bilden, und ausserdem im Vorderflügel eine unscheinbare schräge, sehr schmale Binde in der basalen Hälfte. Viele Adern sind braun gesäumt. Pterostigma weiss, unterhalb desselben, nahe der Spitze, mit einem weisslichen Fleck, der aus dem engmaschigen Netzwerk weisslicher Adern gebildet ist. Beine bräunlichgelb, dunkel beborstet, Kniee nicht dunkler; Tarsen bräunlich. Abdomen oberseits braungelb, z. Th. geschwärzt, namentlich auf der Unterseite.

Lange des Korpers 26. Flügelspannung 85. Länge der Vorderflügel 43. Länge der Hinterflügel 41 mm.

Ost-Afrika (? Usambara, Dr. C. W. Schmidt). — Früher nur aus West-Afrika bekannt: West-Afrika (nach M'Lachlan); Quillu im Französischen Congo-Gebiet (nach Gerstacker).

Gattung Campylophlebia

Mac Lachlan, Transact. Entom. Soc. London, 1891, p. 511.

Augen ungetheilt. Antennen etwa um ein Drittel kürzer als die Vorderflügel, gerade, einfach, mit länglicher Keule. Thorax einfach behaart. Flügel ziemlich lang und breit, die beiden Paare einander fast gleich, die Hinterflügel nur wenig kurzer und schmäler als die Vorderflügel; diese nahe der Basis ausgeschnitten, ohne Appendix, Analwinkel nicht vorragend. Nervatur der Flügel grossmaschig, aber in der dunklen Fleckenzeichnung sehr engmaschig. Beine kurz, Sporen der Hinterschienen kaum länger als die beiden ersten Tarsenglieder. Abdomen kurz, mässig dick.

Die einzige Art C. *magnifica* M'Lachl. bewohnt Kamerun und gehört zu den grössten bekannten Arten der Familie; Flügelspannung 115 mm (nach M'Lachlan).

Gattung Nephroneura

Mac Lachlan, Journ. Linn. Soc. London, Zool. Vol. XI, 1871, p. 269.

Augen in zwei fast gleiche Hälften getheilt. Antennen viel kürzer als die Vorderflügel, am Grunde mit quirlständigen Haaren; Keule kurz und breit birnförmig. Thorax kräftig gebaut, oben einfach, an der Brust dicht behaart. Flügel lang und ziemlich breit, die vorderen hinten am Grunde schmal und mit einem Appendix; Hinterflügel am Hinterrande ausgebuchtet. Nervatur der Flügel mässig dicht. Sporen der Hinterschienen kurz, kaum so lang wie das erste Tarsenglied. Abdomen kürzer als die Flügel, beim Männchen mit langen Analanhängen.

Die beiden Arten der Gattung, *N. capensis* F. und *collusor* M'Lachl., sind nur aus dem Capland bekannt.

Gattung Helcopteryx

Mac Lachlan a. a. O. p. 271.

Augen klein, in zwei fast gleiche Hälften getheilt. Antennen viel kürzer als die Flügel, am Grunde mit quirlständigen Haaren; Keule fast rundlich kolbig. Thorax kräftig gebaut, zottig behaart. Flügel lang, im Grundtheile ziemlich schmal, am Hinterrande mit einem kleinen Ausschnitt nahe der Basis, daneben schwach lappig erweitert, aber ohne Appendix. Nervatur der Flügel dichtmaschig. Schienensporen der Hinterbeine von der Länge der zwei ersten Tarsenglieder. Abdomen des Männchens schlank, so lang wie die Vorderflügel, die drei Endsegmente seitlich erweitert, auch das zweite Segment oben am Hinterrande erweitert.

Hierher gehört *H. rhodiogramma* Ramb. aus dem Capland und Natal.

Gattung Proctarrelabris

Lefebure, Guérin's Mag. Zool. 1842, pl. 92 Fig. 6; Mac Lachlan, Journ. Linn. Soc. London, Zool. Vol. XI, 1871, p. 270.

Augen in zwei gleiche Hälften getheilt. Antennen etwas kürzer als die Vorderflügel, am Grunde mit quirlständigen Haaren; Keule kurz und kolbig. Thorax kräftig gebaut, dicht behaart, namentlich an der Brust. Flügel ziemlich breit und mässig lang, Vorderflügel mit einem kleinen Ausschnitt am Grunde des Hinterrandes, ohne Appendix. Nervatur der Flügel grossmaschig. Schienensporen der Hinterbeine fast von der Länge der beiden ersten Tarsenglieder. Abdomen des Männchens schlank, mit langen Analanhängen. Abdomen des Weibchens kürzer und dicker.

Hierher gehört *P. annulicornis* Burm. aus Natal und Delagoa-Bay.

Gattung Dicolpus

Gerstäcker, Mitth. naturwiss. Ver. Neu-Vorpommern und Rügen. XVI. Bd. 1885, S. 7.

Augen getheilt; Antennen einfach, etwas kürzer als die Hinterflügel. Thorax dünn grau und schwärzlich behaart. Vorderflügel lang dreieckig, vor der Mitte am breitesten, Hinterrand gegen die Basis zweimal gebuchtet und dadurch namentlich von der nahestehenden Gattung *Encyoposis* gut unterschieden. Hinterflügel viel kürzer als die Vorderflügel, am Hinterrand gerundet-erweitert, vor der Mitte am breitesten. Abdomen des Mannchens dick, cylindrisch, mit Anhängen an der Spitze von der Länge des letzten Segments. Eine Art (*volueris* Gerst.) aus Kamerun.

Gattung Encyoposis

Mac Lachlan, Journ. Linn. Soc. London. Zoology. Vol. XI. 1871. p. 262.
Augen getheilt, oberer Theil meist fast doppelt so gross als der untere. Antennen einfach, gerade. Thorax etwas behaart. Flügel mässig breit, am Grunde nicht stielförmig. Hintere Flügel kürzer und schmäler als die vorderen, Ramulus obliquus des unteren Cubitus mit der Postcosta verbunden. Sporen der Hinterschienen kaum so lang wie das erste Tarsenglied. Abdomen des Mannchens stark aufgeblasen, am Grunde eingeschnürt, gegen die Spitze zu verschmälert, mit kräftigen, einfachen Analanhängen.

1. Encyoposis bilineata n. sp. ♀
(Taf. Fig. 4.)

Kopf vorn ganz gelb, Wangen beingelb; Stirn gelb behaart; Scheitel graugelb bis braun behaart, einzelne Haare schwärzlich. Antennen schwärzlich, am Ende gelb, schwarz geringelt; Keule kurz birnförmig, schwarz. Oberer Theil der Augen etwas grösser als die untere. Thorax oben dunkelgelb, mit zwei schwarzen Längsbinden; Mesonotum jederseits mit braunem Wisch. Seiten des Thorax hellgelb, mit oben verlaufender schwarzer Längsbinde, die sich nicht auf den Metathorax fortsetzt. Unterseite des Thorax schwarz. Flügel glashell, gelblich durchscheinend. Pterostigma braun, gross, wie bei *E. flavolinea* Wlk. Hauptadern braungelb, gegen die Spitze hin braun, die schwächeren Längsadern und die Queradern schwärzlich. Beine hellgelb, Borsten schwarz, Sporen und Krallen braun. Sporen der Hinterschienen etwas kürzer als der Metatarsus. Abdomen oberseits schwarz, mit einer vom ersten bis zum letzten Segment reichenden breiten gelben mittleren Längsbinde, die am Ende der einzelnen Segmente eingeschnürt ist. Unterseite des Abdomens gelb, mit breiter schwarzer mittlerer Längsbinde.

Spannweite der Vorderflügel 63, der Hinterflügel 53 mm, Körperlänge 22 mm.

Tanga, 1 ♀ (März 1893, O. Neumann).

2. Encyoposis flavostigma n. sp. ♀

Der vorigen Art sehr ähnlich, aber die Antennen bräunlichgelb, schwarz geringelt. Fühlerkeule länger. Stirn und Scheitel etwas dunkler behaart. Flügel glashell, Längsadern gelb bis gelbbraun oder braun, Queradern braun oder schwärzlich. Brust, Abdomen und Beine ähnlich gefärbt, wie bei voriger Art.

Spannweite der Vorderflügel 66, der Hinterflügel 54 mm, Körperlänge 24 mm.

Sansibarküste, 6° s. Br. (Hildebrandt).

Gattung Suphalasca

Lefebure, Guérin's Mag. Nat. Hist. 1842 pl. 92. 7. — Hagen, Stettin. Ent. Zeit. 1866, p. 460. — Mac Lachlan, Journ. Linn. Soc. Zoology. Vol. XI. 1871, p. 253.

Augen getheilt. Antennen einfach, viel kurzer als die Flügel. Thorax wenig oder kaum behaart. Flügel mehr oder weniger länglich, schmal, Basaltheil nicht verschmälert. Hintere Flügel etwas kürzer als die vorderen; Ramulus obliqus des unteren Cubitus mit der Postcosta verbunden. Abdomen mässig lang, in beiden Geschlechtern ohne Analanhänge. Sporen der Hinterschienen ungefähr so lang wie das erste Tarsenglied.

1. Suphalasca rutila

Gerstaecker, Mitth. naturwiss. Ver. Neu-Vorpommern und Rügen. 25. Jahrg. 1894. p. 105.

Der schwarzliche Scheitel russfarbig behaart; Hinterkopf rostgelb; Stirn, Clypeus und Oberlippe dottergelb. Thorax schmutzig graubraun behaart, mit ockerfarbener Ruckenbinde. Flügel glashell, Basis rostgelb, zuweilen der Costalraum und der Spitzen- und Innensaum gelblich braun. Pterostigma rostroth. Abdomen mit lebhaft ockerfarbener Längsbinde auf dem Rucken. Beine dottergelb, Schenkel am Ende röthlich, Tarsen rostroth, schwarz beborstet. · · Länge der Vorderflügel 29—30, des Abdomens 16—20 mm.

Bagamoyo.

Gattung Phalascusa n. g.

Zur Gruppe der schizophthalmen Ascalaphiden gehörig. Oberer Theil der Augen merklich grösser als der untere. Antennen einfach, kürzer als die Vorderflügel. Flügel breiter und kürzer oder wenigstens verhältnissmässig kürzer als bei *Encyoposis*. Hinterflügel etwas kürzer als die Vorderflügel. Hinterrand der Vorderflugel an der Basis deutlich ausgerandet, mit vorspringendem Winkel an der ausseren Ecke der Ausrandung. Hinterrand der Hinterflügel (wie bei *Theleproctophylla*) gegen die Basis hin gerade, daher im Basaldrittel schmäler als bei *Suphalasca, Encyoposis* u. a. (bei denen der Hinterrand zur Basis hin bogenformig abgerundet ist). Pterostigma klein, wie bei *Suphalasca*. Abdomen ohne Anhänge.

Charakteristik: Oculi divisi, parte superiore majore. Antennae simplices. Alae latiusculae, posteriores quam anteriores breviores; alarum anticarum pars postica emarginata, ad sinum angulata, posticarum margo posterior basin versus rectus. Pterostigma ut in *Suphalasca* parvum. Abdomen ♀ inflatum absque appendicibus.

Die einzige bekannte Art der Gattung ist

1. Ph. hildebrandti n. sp. ♀

(Taf. Fig. 3.)

Stirn gelb bis scherbengelb, Behaarung gelbbraun bis braun, Wangen beingelb. Augen dunkelbraun-grün oder schwarzgrün, metallisch glanzend. Antennen kastanienbraun, Keule heller braun. Thorax oben braun, zweizeilig mit beingelben Flecken. Seiten der Brust beingelb, mit einer mittleren braunen Längsbinde. Flügel glashell, am Grunde mit brauner Makel, die in den vorderen Flugeln grösser ist als in den hinteren. Ausserdem eine zerrissene grosse Makel in den Hinterflügeln, kurz vor der Mitte (von der Basis aus gerechnet) hellbraun. Die ersten costalen Queradern des Costalfeldes in den Vorder- und Hinterflügeln braun begrenzt. Pterostigma braun. Adern braun, in der Basalgegend gelb. Schenkel beingelb, nach der Spitze zu rothbraun; Schienen rothbraun, Rückenseite gelb; Tarsen braun. Abdomen dunkel, schwärzlich, Unterseite gelblich und hellbraun; jedes Segment oben mit zwei bisquitförmigen gelben Flecken, die insgesammt von der Basis bis zur Spitze des Abdomens eine Längsbinde darstellen.

Diagnose: Fusca vel atra, flavo-variegata et vittata; antennis castaneis, clava pallidius fuscata; alis hyalinis, basi fusco-notata plagaque posticarum direpta pallide brunnea; pterostigmate brunneo; femoribus flavis, apice tibiisque rufo-brunneis, his supra flavis, tarsis brunneis; dorso abdominis toto vitta flava notato. – Long. corp. 18, expans. alar. ant. 47, postic. 41 mm.

Ndi (Hildebrandt), ♀.

Gattung Puer

Lefebure, Guérin's Mag. Zool. 1842 pl. 92, Fig. 7; Mac Lachlan, Journ. Linn. Soc. London, Zool. Vol. XI. 1871, p. 272.

Augen getheilt, oberer Theil fast doppelt so gross wie der untere; Antennen kurzer als die Flügel, einfach, Keule kurz und sehr breit. Thorax oben einfach behaart, unten zottig. Flügel länglich dreieckig, verhältnissmässig kurz, Netz-werk des Geäders sehr grossmaschig. Schienensporen der Hinterbeine viel kurzer als das erste Tarsenglied. Abdomen an den Seiten mit Haarbüscheln, beim Männchen ohne Anhänge; Abdomen des Weibchens sehr kurz und breit.

Eine Art (maculatus Ol.) in Süd-Europa; eine zweite (pardalis Gerst.) aus Sierra Leone ist nur vorläufig zu dieser Gattung gestellt.

Familie Nemopteridae.

Ausgezeichnet durch die zu einem sehr langen, schmalen, linealförmigen Streifen umgewandelten Hinterflügel. Kopf klein, in einen Schnabel aus-gezogen. Mundtheile frei, Oberkiefer stumpf, zahnlos. Unterkiefer verlängert; ihre Taster kurz, die beiden Grundglieder länger als die folgenden, welche verkürzt sind. Antennen mässig lang, dünn, borsten- oder faden-förmig, sehr zart. Prothorax kurz. Vorderflügel von gewöhnlicher Form, breit, stumpf dreieckig; Subcosta mit dem Radius zusammenfliessend. Hinter-flügel sehr lang, schmal linealförmig, nach hinten gerichtet, hinten meist schwach verbreitert und zuweilen abweichend gestaltet, stets von einer einfachen mittleren Längsader durchzogen, von welcher seitlich zahlreiche kurze schiefe Queradern abgehen. Beine zart, Füsse ohne Haftläppchen. Näheres s. bei Burmeister, Handb. d. Entom. II. Bd. 1839, S. 984 und bei Brauer, Stettiner Entom. Zeit. 1852, S. 75.

Vorkommen in Süd-Afrika, Nordost-Afrika, Nord-Afrika, Süd-Europa, West-Asien, Arabien, Vorder-Indien, Java und Neu-Holland. Aus Ost-Afrika unbekannt.

Familie Osmylidae.

Den Hemerobiiden zunächst verwandt, aber gut unterschieden. Körper schwächlich. Flügel meist breit und gross, Subcosta und Radius vor der Flügelspitze stets zusammenfliessend. Antennen kurz, perlschnurförmig. Stirn in einigen Gattungen mit Nebenaugen. Füsse mit einem Haftläppchen.

Larven mit langen geraden oder säbelförmigen Saugzangen, im Wasser an Schwämmen oder am Ufer unter Steinen lebend.

Gattung Osmylus

Latreille, Nouv. Dictionn. d'Hist. nat. 1803; Hist. nat. Crust. et Insect. T. XIII, 1805, p. 39; Burmeister, Handb. d. Entom. II. Bd. 1839, S. 983.

Mit drei Nebenaugen auf der Stirn. Letztes Glied der Taster zugespitzt. Costalfeld beider Flügelpaare ungetheilt, mit zahlreichen Queradern. Subcostalfeld am Grunde mit einer Querader. Radius nur mit einem Sector am Grunde mit mehreren langen parallelen Aesten. Flügel mit einigen dunklen Flecken.

Die Gattung ist in einer kleinen Zahl von Arten über Süd- und Ost-Asien, Europa, West-Asien und das tropische Afrika verbreitet.

1. Osmylus africanus n. sp.

(Taf. Fig. 9.)

Laete flavobrunneus, capite thoraceque setis flavis et nigris praeditis; alis hyalinis modice angustatis et acuminatis, venis et venulis transversis atrofuscis albo variis; pterostigmatis maculis duabus fuscis approximatis, altera interiore, altera exteriore; alarum anticarum subcosta et radio albis, utraque harum venarum per paria lineis tribus atris, inter se remotis, obsita membranaque inter binas lineas nigras vicinatas itidem stria nigra praedita; pustula singulari convexa fusca postica, basi propiore quam apici, margini alarum anticarum posteriori imposita; pedibus pallidis, tibiis pedum anticorum et intermediorum punctis duabus obsitis, basali et mediano.

Long. corp. 7, expans. al. 34, long. al. ant. 16,5, post. 15,5 mm.

Sansibar, 6° s. Br. (Hildebrandt).

Diese Art scheint dem *O. interlineatus* Mac Lachlan (Entom. Monthly Mag. VI. 1870, p. 199) recht ähnlich zu sein, von welchem sich im Britischen Museum ein Exemplar mit der Vaterlandsangabe »Natal« befindet. Mac Lachlan bezweifelt die Richtigkeit dieser angeblichen Provenienz und hält Indien für das Vaterland dieser Art. Die vorliegende Art aus Sansibar hilft uns über diese Zweifel hinweg. Anfangs glaubte ich dieses sansibarische Exemplar auf *interlineatus* beziehen zu müssen, sah aber bald wegen der abweichenden Beschreibung dieser Art davon ab.

Der Körper ist hell braunlichgelb; Kopf und Thorax sind mit gelben und schwarzen Borsten besetzt, die Antennen blassgelb, die Augen gelbgrau; Prothorax etwas länger als breit. Flügel hyalin, kurz grau behaart, mässig breit, länglich, zugespitzt; Pterostigma aussen und innen mit einem braunen Wisch versehen; Längs- und Queradern schwarzbraun mit weiss untermischt. Im Vorderflügel sind die Subcosta und der Radius eigenthümlich gezeichnet, nämlich weiss und mit je drei von einander getrennten schwarzen Linien versehen, die sich auf den beiden Adern gegenüberstehen und noch je eine parallele schwarze Linie von derselben Bildung auf der Membran des Subcostalfeldes zwischen sich haben. Ausserdem sind noch einige Stellen der Subcosta und des Radius angebräunt. Am Hinterrande der Vorderflügel im Anfang des ersten Drittels findet sich ein dunkelbrauner convexer Fleck. Ferner sind zwei Queradern auf der Scheibe der Vorderflügel in der Apicalhälfte zwischen den Zweigen des Radius und des Cubitus anticus braun begrenzt. Die Hinterflügel sind ganz hyalin und ungefleckt, nur am Pterostigma finden sich die schon erwähnten braunen Wische; Subcosta und Radius sind ganz weiss. Beine blassgelb, Schienen der Vorder- und Mittelbeine am Grunde und in der Mitte mit je einem schwarzen Punkt.

Bei *O. interlineatus* ist das Pterostigma jederseits mit einem schwärzlichen Fleck und ausserdem mit braunen Punkten versehen. Subcosta und Radius der Vorderflügel sind gleichfalls weisslich, aber mit sechs Paar langer schwarzer Linien besetzt, welche gleichfalls eine ähnliche schwarze Linie auf der Membran des Subcostalfeldes einschliessen. An den Vorder- und Mittelschienen sind je drei schwarze Punkte angegeben, je einer am Grunde, in der Mitte und an der Spitze.

Den eigenthümlichen convexen Fleck am Hinterrande der Vorderflügel hat *O. africanus* ausser mit *interlineatus* noch mit *tuberculatus* Wlk. (Ostindien), *inquinatus* M'Lachl. (Molukken, Ceram) und *modestus* Gerst. (Java) gemein. Es ist wahrscheinlich, dass das typische Exemplar von *interlineatus* M'Lachl. thatsächlich aus Afrika (Natal) stammt. Das gemeinsame Merkmal dieser Arten, die eigenthümliche braune convexe Pustel am Hinterrande der Vorderflügel, giebt Veranlassung zur Aufstellung einer Untergattung *Spilomylus* (pustula convexa fusca margini alarum anticarum postico imposita). Diese Artengruppe ist über das indische Gebiet und bis Afrika (Ost-Afrika) verbreitet.

Gattung Psychopsis

Newman, Entomologist 1842, p. 415; Mac Lachlan, Journ. of Entom. II. 1866, p. 115.

Die Flügel dieser eigenthümlichen schönen Gattung sind sehr breit und verhältnissmässig kurz. Die ganze Ober- und Unterseite der Flügel ist schwach aber ziemlich dicht wollig behaart und am ganzen Saum dicht gefranst. Das Costalfeld ist beträchtlich breiter als bei *Osmylus* und gleichfalls mit zahlreichen Queradern durchsetzt, welche vorn meist gegabelt und in der Mitte in zusammenhangender Folge durch sehr kurze Queradern verbunden sind, so dass das Costalfeld eigentlich aus zwei Reihen von Zellen besteht, also in zwei Unterfelder getheilt ist (area costalis biareata). Der Radius hat nur einen Sector (nahe der Basis), der viele einander parallele Aeste über die Flügelfläche aussendet. - -

Die wenigen Arten der Gattung schienen früher auf Neuholland beschränkt zu sein, bis Brauer die erste Art aus Afrika bekannt machte.

1. Psychopsis zebra

Brauer. Ann. d. k. k. naturhist. Hofmuseums zu Wien, IV. Bd. Notizen S. 102; Gerstäcker, Mitth. naturwiss. Ver. Neu-Vorpommern und Rügen. XXV. 1894, S. 171.

Ganz blass gelblich bis blass bräunlichgelb, überall dicht und sehr fein weisshaarig. Kopf mit den Fühlern dunkelbraun, jener glänzend. Schienen der blassgelben Beine am Ende mit dunkel gelbbraunem Ring, zweites bis fünftes Tarsenglied bräunlich. Schienensporen an den Vorderbeinen so lang wie das erste Tarsenglied. Prothorax etwas länger als breit und, wie der kurze Hinterleib, graubraun. Hinterleib am Ende verdickt, die Verdickung braun und glänzend, aus zwei nebeneinander liegenden, zum letzten Ringe gehörenden convexen Klappen bestehend. Unter diesen Klappen befinden sich noch zwei mehr horizontal liegende Klappen an der Bauchseite mit einer zwischenliegenden schmäleren Hornplatte (Weibchen).

Die blassen Flügel haben keinerlei Zeichnung, nur an der Vereinigung der Subcosta mit dem Radius (unweit der Flügelspitze) im Vorderflügel befindet sich ein kleiner schwarzer Punkt. Ausserdem verlaufen in der Basalhälfte der Vorderflügel vom Vorder- bis zum Hinterrande in gleichen Abständen voneinander etwa neun sehr blassbraune wellige Querbinden. Ferner zeigen beide Flügelpaare drei Treppenaderreihen, wie die meisten australischen Arten.

Bei Taveta am Kilimandscharo (nach Brauer); Sansibar (Dr. G. A. Fischer). — Delagoa-Bay (R. Monteiro). Das Exemplar von der Delagoa-Bay weicht von der sansibaritischen Form etwas ab (vergl. Gerstäcker a. a. O.); es befindet sich in der Samonlung des Königlichen Museums zu Berlin.

Familie Hemerobiidae.

Die Angehörigen dieser Familie sind meist kleiner als durchschnittlich die Chrysopiden, die Flügel getrübt und fleckig, seltener hyalin. Körper schwächlich gebaut. Kopf klein, Antennen kurz, schnurförmig. Endglied der Taster länglich, fein zugespitzt. Flügel im Verhältniss zum Körper breit und meist ziemlich kurz, behaart, weiss, gelblich oder grau getrübt und fleckig; Subcosta und Radius bis zur Flügelspitze getrennt. Nervatur der Flügel meist engmaschig. Queradern zahlreich. Vom Radius entspringen ein oder mehrere, z. Th. gegabelte Sektoren. Beine zart, kurz; Fusse mit Haftläppchen.

Larven denen der Chrysopiden ähnlich, aber mit kürzeren Saugzangen, auf Sträuchern lebend und hier ihrer Beute nachgehend.

Die Familie ist in einigen Gattungen weit verbreitet; aber aus dem afrikanischen Gebiet ist nur eine Art der Gattung *Micromus* bekannt, deren Arten Europa, Nordamerika, das indische und australische Gebiet und Madagaskar bewohnen. Die afrikanische Art, *M. timidus* Hag., findet sich in Mosambik.

Familie Chrysopidae, Florfliegen.

Körper klein, zart, länglich, mit breiten, mässig langen Flügeln von grünlicher oder gelber, zuweilen röthlicher Färbung. Kopf klein, Augen halbkugelig, vorstehend, goldig glänzend. Stirnaugen fehlen. Antennen lang, zart, faden- oder borstenförmig. Endglied der Taster cylindrisch. Flügel hyalin, mit einer geringeren Anzahl von Queradern als bei den Hemerobiiden; die Nervatur daher grossmaschig. Vom Radius entspringt nach hinten nur ein Sektor. Subcosta und Radius bis zur Spitze getrennt. Beine zart, mässig lang. Fusse mit Haftläppchen.

Larven länglich, vorn und hinten verschmälert, mit langen sichelförmigen, am Innenrande ungezahnten Mandibeln (Saugzangen) und länglichen Lippentastern. Soweit bekannt, machen sie auf Blattläuse Jagd (Blattlauslöwen).

Die Familie ist in einigen Gattungen über alle Erdtheile verbreitet. Aus dem afrikanischen Gebiet sind nur einige Arten der Gattung *Chrysopa* bekannt.

Gattung Chrysopa

Leach, Brewster Edinburgh Encyclop. 1815, Vol. IX. p. 138; W. G. Schneider, Symb. Monogr. Chrysopae, 1851, p. 38.

Flügel, ungefleckt, Subcosta nahe vor der Ausmündung des Radius in die Flügelspitze mündend; Costalfeld am Grunde verschmälert; Area cubitalis gut ausgebildet, klein, von den übrigen Zellen differenzirt.

Die Gattung ist über alle Erdtheile verbreitet.

1. Chrysopa sansibarica n. sp.

Körper hellgelb. Kopf und Prothorax oben schwefelgelb, jener vorn nebst den Palpen röthlich. Antennen blassgelb, gegen die Spitze hin bräunlich, die zwei Grundglieder röthlich. Flügeladern hellgrün, Queradern an beiden Enden meist schwarzlichbraun, im Apicaldrittel meist ganz braun. Die erste Querader zwischen dem Sector, dem Radius und dem Cubitus trifft diesen innerhalb der Cubitalzelle. Alle in den Apical- und Aussenrand mündenden Adern endigen mit einem schwarzen Punkt. Beine blassgelb, Krallen am Grunde erweitert.

Länge des Körpers 7, Flügelspannung 22 mm.

Sansibar, Festland 6° s. Br. (Hildebrandt).

Familie Mantispidae.

Vor allen anderen Neuropteren durch die Fangfüsse (Raubbeine) unterschieden. Antennen kurz, ziemlich dick, perlschnurförmig. Mundtheile einen kurzen Kegel bildend; Oberkiefer mit hakiger Spitze und einem Zahne am Innenrande; Maxillarpalpen zart, die 4 ersten Glieder kurz, das fünfte länger

und spindelförmig. Flügel schmal, meist grossmaschig geadert; beide Paare ungefähr von gleicher Grösse. Subcosta in die das Pterostigma abschliessende
Querader mundend, der Costalader oft sehr genähert.

Vorderbeine ähnlich wie bei den Mantiden unter den Orthopteren ab-
sonderlich gestaltet; Hüften stark verlängert, cylindrisch; Schenkel dick, unterseits gezähnelt; Schienen kürzer als die Schenkel, unbewehrt, meist mit einer
einzigen Kralle (selten mit zwei Krallen) an den kurzen fünfgliedrigen Füssen.
Die vier Hinterbeine kurz, einfache Gangfüsse: Füsse mit Haftläppchen.

Larven auf dem Lande lebend, als Schmarotzer bekannt.

Die Familie ist aus allen Erdtheilen nur in vereinzelten Arten bekannt. Von
den wenigen Gattungen ist *Mantispa* am artenreichsten. — Vergl. Brauer,
Stettiner Entom. Zeit. 1852, S. 75; Hagen ebenda 1859, S. 409.

Gattung Mantispa

Illiger, Verz. d. Käfer Preussens, Halle 1798, S. 499; Hagen, Stettiner
Entom. Zeit, XI, 1850, S. 370; Westwood, Transact. Entom. Soc. London,
2. ser. I, p. 253; Hagen, Stettiner Entom. Zeit. 1877, S. 211.

Scheitel von gewöhnlicher Bildung, flach bis wenig gewölbt. Prothorax
unten ohne Naht. Flügel hyalin, Mittelfeld nur mit einer Reihe schräger Zellen.
Vordertarsen nur mit einer einzigen Kralle. Weibchen ohne Legeröhre. —
Ueber alle Erdtheile in einzelnen Arten verbreitet. Nur eine Art aus Ost-
Afrika bekannt.

1. Mantispa apicipennis n. sp.

Braun, Kopf schön hellgelb, vor der Basis der Fühler und am Vorderrande
der Stirn mit einer schwarzen, die ganze Breite einnehmenden Querbinde. Scheitel
mit einer schmalen, nach hinten zu in der Mitte gewinkelten schwarzen Quer-
linie und dahinter mit einer breiten schwarzen Querbinde, welche bis an die
Augen reicht. Rücken des Prothorax auf der hinteren Hälfte jederseits mit
mit einer blassgelben schrägen Längsbinde, am Grunde schwärzlich. Meso- und
Metathorax oben rothbraun, jeder hinter der Mitte mit einem queren convexen
Scutellum von schwefelgelber Färbung. Mesonotum in der Mitte schwärzlich.
Vordere Hälfte des Prothorax nach hinten zu conisch geformt, hintere Hälfte
fast cylindrisch, nach hinten zu wenig verdickt, oben in der Mitte mit verdickten Ringen; zwei Tuberkeln oberseits vor der Mitte am Ende des Kegels
schwärzlich.

Flügel hyalin, mit röthlicher Wurzel, an der Vorderseite der Radialraum
bis zum Pterostigma und in den Vorderflügeln ein dreieckiger, die Basis ein-
nehmender, bis an den Radius reichender Fleck gelbbraun. Pterostigma dunkler
braun und je ein Fleck in der Spitze aller Flügel braun. Beine röthlich,
Vorderschienen aussen schwefelgelb, innen schwärzlich. Schenkel der Vorderbeine am gezähnelten Rande theilweise gelblich, Mittelschienen aussen oberhalb
der Mitte gelb. Hinterschienen hellgelb, am Grunde zu drei Achtel bräunlich-roth.

Länge des Körpers 15, Flügelspannung 32 mm.

Massai-Land: am Westufer des Manyara-Sees (Ende November 1893,
Oskar Neumann).

II. Abth. Panorpata.

Hierher gehören nur wenige Gattungen, namentlich Panorpa und Bittacus,
welche am artenreichsten und weitesten verbreitet sind. Fast alle Angehörigen
dieser Abtheilung, die nahe Beziehungen zu den Trichopteren hat, sind
durch den vorn schnabelförmig verlängerten Kopf ausgezeichnet.

Kopf hypognath, unterseits schnabelförmig verlängert, Mundtheile kurz, unter sich theilweise verwachsen; Oberkiefer kurz, hornig, an der Spitze des verlängerten Kopftheils sitzend, frei, mit einigen Zähnchen versehen. Unterkiefer mit zwei hautigen Loben, mit der Unterlippe häutig verbunden, ähnlich wie bei den Trichopteren; Kiefertaster funfgliedrig, ziemlich lang, fadenförmig. Unterlippe erscheint als kleiner gespaltener Anhang des Mentums, mit dreigliedrigen Tastern. Fühler vielgliedrig, fadenförmig. Seitenaugen mässig gross; Stirn meist mit drei Nebenaugen. Thorax von mässiger Grösse, Prothorax klein aber deutlich, Meso- und Metathorax fast gleich gross. Flügel lang und schmal, mit feinen Härchen besetzt, beide Paare vollständig gleich, nicht faltbar, in der Ruhe aufeinander liegend, hinten auseinander stehend, dem Leibe nicht aufliegend. Nervatur weitmaschig. Subcostalader viel kürzer als der Radius, weit vor der Flügelspitze in den Vorderrand mündend, genau wie bei den Trichopteren und Rhaphidiiden, und im Gegensatze zu den übrigen Neuropteren (Megalopteren und Sialiden). Thyridium (ein weisslicher hyaliner Fleck etwa auf der Mitte des Flügels an der Gabelung der vorderen Cubitalader) wie bei den Trichopteren. Hinterflügel in vereinzelten Fällen rudimentär (*Boreus* ♂) oder fehlend (*Boreus* ♀, *Bittacus apterus* Hg.). Beine schlank, Hüften hoch kegelförmig, die ganze Brust bedeckend, wie bei den Trichopteren; Schienen mit zwei feinen apicalen Sporen; Füsse lang, funfgliedrig, gewöhnlich mit zwei Krallen, aber bei *Bittacus* sehr lang und mit einer einschlagbaren Kralle an jedem Fuss (Kletterfuss). Hinterleib neungliedrig, am Ende mit zwei dünnen und kurzen ungegliederten Griffeln, beim Männchen am Ende mit einem grossen dicken zangenförmigen Copulationsorgan. Darm ohne Saugmagen, wie bei den Trichopteren.

Verwandlung vollkommen. Larven raupenförmig, hypognath wie die der Trichopteren, aber sonst von den Larven der letzteren und der echten Neuropteren recht verschieden; mit zwei grossen falschen Fazettenaugen, drei- bis viergliedrigen Kiefertastern und dreigliedrigen Lippentastern. Drei Paar kurze Brustfüsse, acht Paar stummelförmige Bauchfüsse am Hinterleibe und ein unpaarer Haftfuss an der Spitze desselben. Nymphe freigliedrig.

Aus dem afrikanischen Gebiet sind nur einige Vertreter der Gattung *Bittacus* bekannt (Capland, Senegambien, Kamerun).

III. Abtheilung. Trichoptera.
(Phryganeidae, Haarflügler, Köcherfliegen, Wassermotten.)

Diese Insekten sind keine eigentlichen Neuropteren im Sinne des Wortes »Netzflügler«; denn im Gegensatze zu den genuinen Neuropteren ist das Adernetz der Flügel nur ein sehr lockeres. Ueberhaupt sind Queradern zwischen den Längsadern nur in geringer Zahl vorhanden; die Längsadern haben verhaltnissmässig nur wenig Zweige, die Felder und Feldchen zwischen den Adern sind daher meist sehr lang gestreckt und von einem eigentlichen Adernetz kann keine Rede sein. Die Trichopteren stehen aber nicht unvermittelt da; denn die Sialiden, eine im afrikanischen Gebiet nicht vertretene Familie der Neuropteren, bilden eine vermittelnde Gruppe zwischen beiden Abtheilungen; die Flügelnervatur der Sialiden ermangelt theils einer grösseren Zahl von Queradern oder sie ist äusserst grossmaschig. Ferner stehen die Sialiden und auch die allermeisten Trichopteren durch das gut ausgebildete, von Analadern (costulae anales) durchzogene und faltbare Hinterfeld der Hinterflügel in einem Gegensatz zu den echten Neuropteren, denen (die Sialiden ausgenommen) ein Hinterfeld an den hinteren Flügeln fehlt, infolgedessen auch von einer Faltbarkeit dieser Flügel bei den Neuropteren nichts zu sehen ist. Durch die Anwesenheit eines Hinterfeldes an den Hinterflügeln und deren Faltbarkeit erinnern die Trichopteren mit

den Sialiden an die Perliden und die Orthopteren. Andererseits wurde auf die
äussere Aehnlichkeit der Trichopteren mit niederen Gruppen der Lepidopteren
hingewiesen. In der That ist die Aehnlichkeit vieler Wassermotten, wie die
Trichopteren auch genannt werden, mit manchen Microlepidopteren eine sehr
täuschende, so dass nennenswerthe Entomologen (Curtis, Stephens, Newman)
den Fehler begingen, den *Acentropus niveus* (eine kleine Motte aus der Familie
der Crambiden) zu den Trichopteren zu stellen, ein Irrthum, der von Westwood
zu Gunsten der Lepidopteren berichtigt worden ist. Wahrscheinlich ist die
Aehnlichkeit zwischen den Trichopteren und Lepidopteren nur eine rein äusser-
liche, denn, wenn präimaginale Entwicklungsstadien für die Beurtheilung von
Verwandtschaften Bedeutung haben, so sind diese beiden Insektenabtheilungen
weit von einander zu trennen.

Der Körper der Trichopteren ist überall behaart, z. B. stets auch die
Flügel, auf denen sich bei wenigen Formen Schuppen zeigen (eine Analogie
zu den Schuppen der Lepidopteren). Der Kopf ist ziemlich klein, aber die
beiden Seitenaugen tragen zur Verbreiterung bei; die Beborstung des Kopfes ist
ziemlich stark, auf dem Scheitel finden sich drei Nebenaugen, die in wenigen
Gattungen zu fehlen scheinen. Antennen (Fühler) vielgliedrig, in manchen
Gattungen sehr lang, borsten- oder fadenförmig, nahe beieinander auf der Stirn
eingefügt. Oberkiefer (Mandibeln) rudimentirt, nur als winzig kleines Zäpfchen
oder Plättchen erkennbar. Unterkiefer (Maxillen) mit der Unterlippe zu einem
kurzen, häutigen Rüssel verwachsen. Taster (Palpen) gut entwickelt. Taster
der Unterkiefer fünfgliedrig, in einigen Gruppen beim Männchen drei- oder vier-
gliedrig. Lippentaster stets dreigliedrig. Thorax aus drei ungleich grossen
Segmenten bestehend. Prothorax sehr kurz, nur als kragenartiger Ring vorn am
Mesothorax erkennbar. Meso- und Metathorax ziemlich gross, ungefähr von
gleicher Grösse. Brust auf der Unterseite sehr schmal. Vier Flügel, welche
in der Ruhe dachförmig über dem Leibe liegen; ihre Längsadern in allen
Gattungen meist recht gleichmässig angeordnet; zwischen den Längsadern nur
wenige Queradern. Subcostalader weit vor der Flügelspitze in den Vorderrand
mündend. Hinterfeld der Hinterflügel meist umfangreich, wird bei der Ruhe
gefaltet. Beine meist mittelmässig lang; Hüften gross, kegelförmig, abstehend
oder der Brust anliegend. Die Schienen aller Beine durch das Vorhandensein
von oft zwei Paar Sporen ausgezeichnet, ein Paar am Ende und ein Paar in der
Mitte; die mittelständigen Sporen an den Vorderschienen oft fehlend (oder nur
einer vorhanden), seltener an den Mittelbeinen fehlend. Die Zahl der Sporen
ist oft charakteristisch für die Gattungen. Von den Stacheln an den Schienen
sind die Sporen durch Grösse und Färbung verschieden. Füsse (Tarsen) stets
fünfgliedrig. Hinterleib (Abdomen) aus neun Ringen bestehend, dünn und
mässig lang. Die Bauchplatte des ersten Ringes (am Grunde des Hinterleibes)
vorhanden oder fehlend; die Rückenplatte desselben meist mit dem Thorax
deutlich verbunden. Am Ende des Hinterleibes beim Männchen mit haken-
förmigen Anhangen, beim Weibchen mit klappenförmigen Gebilden. Darm stets
ohne Saugmagen, worin auch die Panorpaten und Sialiden mit den Trichopteren
übereinstimmen.

Die Verwandlung ist eine vollkommene. Die Larve ist von dem ent-
wickelten Insekt ganz verschieden organisirt; sie hat einen meist hypognathen
Kopf und gut ausgebildete Mundtheile. Mandibeln kräftig, Kiefertaster drei-
bis fünf-, Lippentaster rudimentär und eingliedrig. Die Beine sind in drei Paaren
vorhanden und mittelmässig lang. Sie leben mit wenigen Ausnahmen im Wasser
und athmen meistens durch Tracheenkiemen. Ein von ihnen selbst verfertigtes
Gehäuse aus Sandkörnchen, kleinen Schneckenhäusern oder in Stücke zerbissenen
Pflanzentheilchen dient ihnen als schutzende Hülle ihres nicht sehr widerstands-
fähigen Körpers. Wegen dieses köcherförmigen Gehäuses, welches die Larven

am Grunde oder zwischen dem Pflanzengewirre der Gewässer mit sich herumtragen, werden die Trichopteren auch Köcherfliegen genannt. Die Puppe ist vollkommen freigliedrig und ruhend, aber einige Zeit vor dem Auskriechen der Imago ist sie frei beweglich und kriecht oder schwimmt umher.

Aus dem afrikanischen Gebiet sind nur sehr wenige Arten und Gattungen der Trichopteren bekannt.

Gattung Macronema (Hydropsychidae)

F. J. Pictet, Mém. Soc. Phys. Hist. nat. Genève VII. 1836. p. 399; Mac Lachlan, Monogr. Revis. Europ. Trichoptera, London, 1874—80, p. 353.

Kopf oben mit Tuberkeln, ohne Ocellen; Antennen sehr lang und dünn, beim Mannchen oft doppelt so lang wie die Flügel, beim Weibchen etwas kürzer als beim Mannchen, Basalglied dick. Maxillarpalpen gut entwickelt, funftes Glied so lang wie die vier anderen zusammen, schlank. Labialpalpen sehr klein. Vorderflugel verlängert, gewöhnlich etwas hyalin durchscheinend; Discoidalzelle sehr klein, Medianzelle etwas grösser; Thyridiumzelle sehr lang. Hinterflügel viel kürzer als die Vorderflügel, sehr breit, stark gefaltet, ohne geschlossene Discoidalzelle und ohne Medianzelle; Fransen undeutlich, am Hinterrande deutlicher. Beine schlank, ohne Dornen. Vorderschienen ohne oder mit einem oder zwei Sporen, Mittel- und Hinterschienen stets mit vier Sporen.

Weit über die Erde verbreitet, hauptsächlich in den Tropen; keine Art aus Europa, wohl aber aus Ost-Sibirien bekannt. Die folgende Art liegt aus Ost-Afrika vor.

1. Macronema sansibarica n. sp.

Aureo-flava, antennis fuscis basi ferrugineis; alis flavo-hyalinis, anticis densius, posticis subtilius aureo-sericeis, illis fasciis duabus angustis brunneo-fuscis et quidem fascia obliqua submediana (basi propiore) fasciaque curvata ultramediana (apici propiore) ornatis, parte apicali late pellucida umbrina; pedibus flavis.

Long. corp. 8, antenn. 28, expans. al. 23 mm. ♀

Sansibar, 6° s. Br. (Hildebrandt).

Den Arten *M. inscripta* und *signata* Wlk. aus Ober-Guinea am ähnlichsten. Goldgelb, Antennen dunkelbraun, am Grunde röthlich. Flügel gelblich, hyalin; Vorderflügel mit dichter, Unterflügel mit feiner und kürzerer, weniger deutlich goldgelber Behaarung; auf jener eine schräge, vom Hinterrande bis zum Radius reichende schmale Binde zwischen der Mitte und dem Grunde, dann jenseits der Mitte eine gebogene, nach aussen concave Binde, die vom Vorder- bis zum Hinterrande reicht und hinten mit der graubraunlich hyalinen breiten Apicalbinde verbunden ist.

Gattung Hydropsyche (Hydropsychidae)

F. J. Pictet, Recherch. p. servir à l'hist. et à l'anat. d. Phryg. Genève. 1834. p. 199; Mac Lachlan a. a. O. p. 355.

Mit *Macronema* nahe verwandt. Antennen kürzer, gewöhnlich etwas langer als die Flügel, beim Weibchen etwas kürzer als beim Männchen, Scheitel mit grossen ovalen Warzen; Ocellen fehlend; Maxillarpalpen deutlich, funftes Glied so lang wie die anderen zusammen; Flügel lang und schmal, Discoidalzelle kurz, fast dreieckig, Mittelzelle langer, Areola thyridii sehr lang und schmal. Hinterflugel viel kürzer, breiter, gefaltet; Medianzelle meist geschlossen. Beine schlank. Mittelschienen und Tarsen der Weibchen compress und verbreitert. An den Vorderschienen zwei, an den Mittel- und Hinterschienen je vier Sporen; die der Vorderschienen fast gleich, die anderen langer und ungleich, der innere der beiden Sporen am langsten.

Ueber Europa, Asien, Afrika und Amerika verbreitet.

. Gattung Oestropsis (Oestropsidae)

Brauer, Verhandl. k. k. zool.-bot. Gesellsch. Wien. 1868, S. 263.

›Mundtheile ganz verkümmert, Gesicht mit blasigem Schilde. Kopf oben mit Warzen, ohne Ocellen. Antennen sehr lang. Beim Männchen die Vorder- und Mittelbeine, beim Weibchen die Mittelbeine erweitert. Vorderschienen mit einem, Mittel- und Hinterschienen mit je drei Sporen. Flügel ziemlich breit, die hinteren kürzer, breit faltbar, die vorderen am Aussenrande zuweilen buchtig ($\male$). Geader etwas unregelmässig. Im Vorderflügel 10 Apicalzellen beim Männchen, die Discoidalzelle nur im Vorderflügel geschlossen, dort die 1., 2., 3. und 4. Gabel, die 5. undeutlich, verzogen. Im Hinterflügel die 1., 2., 3. und 5. Gabel vorhanden, oder die erste fehlend ($\female$). Flügel grün, fast nackt. Costalfeld mit falschen Adern.‹

Im tropischen Asien (Philippinen) zu Hause. Eine Art, *bipunctata* Brauer, in Afrika, am Blauen Nil.

Gattung Phanostoma (Oestropsidae)

Brauer, Verhandl. k. k. zool.-bot. Gesellsch. Wien, Jahrg. XXV, S. 69.

Vorderflügel lang, schmal, Costalfeld mit fünf Queradern; zwischen Thyridium und dem Sector eine verdickte Stelle der Flügelhaut, eine Vena spuria bildend, sowie eine ›falsche Discoidalzelle‹ über der Thyridiumzelle undeutlich abschliessend. An den Vorder- und Hinterschienen je zwei, an den Mittelschienen vier Sporen; Endsporen der Mittel- und Hinterschienen von ungleicher Länge. Eine Art vom Senegal (*senegalense* Brauer).

Gattung Aethaloptera (Oestropsidae)

Brauer a. a. O. S. 72.

Taster abfällig; Flügelgeader in beiden Geschlechtern sehr verschieden; Sporen an den Vorderschienen fehlend, an den Mittelschienen drei, an den Hinterschienen zwei Sporen.

Eine Art (*dispar* Brauer) vom Senegal.

Gattung Dipseudopsis (Rhyacophilidae)

Walker, Catal. Brit. Mus. Neuropt. p. 91; Mac Lachlan, Transact. Entom. Soc. London, 3. ser. I. 1863, p. 496; ders. Tijdschr. v. Entom. T. XVIII. p. 14.

Antennen ziemlich dick; Taster der Unterkiefer 5gliedrig, die zwei ersten Glieder kurz, drittes Glied langer, ziemlich breit, doppelt so breit als lang (von der Seite gesehen), viertes Glied dünn, kürzer und nur halb so dick als drittes, fünftes etwas langer und ziemlich fein, dunner als viertes, gekrummt, scheinbar gegliedert. Prothorax verhältnissmässig stark entwickelt, einen dicken Ring bildend, der oben in der Mitte getheilt ist. Flügel schwach und sehr kurz behaart; Vorderflügel: Radius am Ende fast ganz gerade, Pterostigma braun, sehr schmal; Thyridium nebst die die Areola thyridii abschliessenden Querader weiss; Subcosta und Radius parallel, im Apicaltheil fünf Gabeladern. Hinterflügel schmal, etwa so breit wie die Vorderflügel, aber viel kürzer, in der Apicalhalfte mit drei Gabeladern; Thyridium mit der Querader der Areola thyridii wie in den Vorderflügeln. Sporen der Schienen lang, je drei an den Vorder- und je vier an den Mittel- und Hinterschienen; oberer Sporn der Vorderschienen etwas unterhalb der Mitte, mehr nach der Basis zu sitzend; die beiden apicalen Sporen der hintersten Tibien ungleich, der aussere Sporn innen gefranst, am Ende etwas verdickt und mit hakenförmig nach innen umgebogener Spitze. Appendices anales kurz, die oberen breit, plattenförmig, etwas convex, am Ende breit abgestutzt und etwas ausgebuchtet.

Zu den drei bisher bekannten Arten tritt jetzt noch folgende Art.

1. Dipaeudopsia centralis n. sp.

Fusca, brunnea, antennis flavo-brunneis fusco-annulatis, capite fusco subnitido postice testaceo; prothorace testaceo, meso- et metathorace piceis, lateraliter fuscis; alis anticis flavo-fusco umbrinis, venis fuscis, maculis paucis albidis hyalinis, areola apicali quinta eadem longitudine ac séptima; alis posticis flavo-griseis, venis fuscis, areola mediana longiore et angustiore quam areola discoidali, costula prima (infra areolam medianam) furcata, duabus venis ab areola mediana ortis; abdomine pedibusque cum coxis flavo-testaceis.

Long. corp. 7—8 mm, expans. al. 21—22 mm.

Bei Bussisi, südlich vom Victoria-Nyansa, am 11. October 1890 von Dr. Stuhlmann in mehreren Exemplaren gefunden.

Die Art steht der *D. capensis* Wlk. (Cat. Brit. Mus. Neuropt. p. 92; Mac Lachlan, Transact. Entom. Soc. London, 3. ser. I. p. 496, Taf. 19, Fig. 6) aus Natal, mit der nach Mac Lachlan (Transact. Entom. Soc. London, 3. ser. I. p. 658) die *Phryganea notata* F. identisch ist, nahe. Bei *centralis* n. sp. ist die fünfte Apicalzelle der Vorderflügel mehr als doppelt so lang wie bei *capensis* (nach der Abbildung bei Mac Lachlan zu urtheilen). In den Hinterflügeln ist die Medianzelle länger und schmäler als bei *capensis*, nur zwei Adern gehen von ihr zum Rande (bei *capensis* drei). Die erste Längsader des Analfeldes (unmittelbar unter der Areola mediana) trägt am Ende eine lange Gabel; bei *capensis* ist die Ader einfach. Scheinbar hat hier eine Auswechselung der Zweigader stattgefunden; die hintere (dritte) Randader, welche bei *capensis* von der Medianzelle ausgeht, verbindet sich bei *centralis* mit der ersten Längsader des Analfeldes, mit dieser eine Gabel bildend. Diese Gabel ist bei allen Exemplaren gleich.

Verzeichniss der Neuropterenarten Ost-Afrikas.

Myrmeleontidae.

1. *Palpares inclemens* Hag. (S. 7).
2.   »   *moestus* Hag. (S. 7).
3.   »   *tristis* Hag. (S. 8).
       »   » var. *niansanus* n. (S. 9).
4.   »   *interioris* n. sp. (S. 9).
5.   »   *submaculatus* n. sp. (S. 10).
6.   »   *nyicanus* n. sp. (S. 11).
7.   »   *stuhlmanni* n. sp. (S. 12).
8. *Tomatares citrinus* Hag. var. *einaeva* n. (S. 14).
9. *Acanthaclisis distincta* Ramb. (S. 15).
10.   »   *dasymalla* Gerst. (S. 15).
11.   »   *felina* Gerst. (S. 15).
12. *Syngenes* (n. g.) *debilis* Gerst. (S. 16).
13. *Cymothales dulcis* Gerst. (S. 16).
14.   »   *speciosus* n. sp. (S. 16).
15. *Myrmeleon nigridorsis* n. sp. (S. 18).
16.   »   *tristis* Wlk. (S. 18).
17.   »   *punctatissimus* Gerst. (S. 19).
18.   »   *mysteriosus* Gerst. (S. 19).
19.   »   *kituanus* n. sp. (S. 19).

Tafelerklärung.

Druck von Otto Elsner, Berlin S.

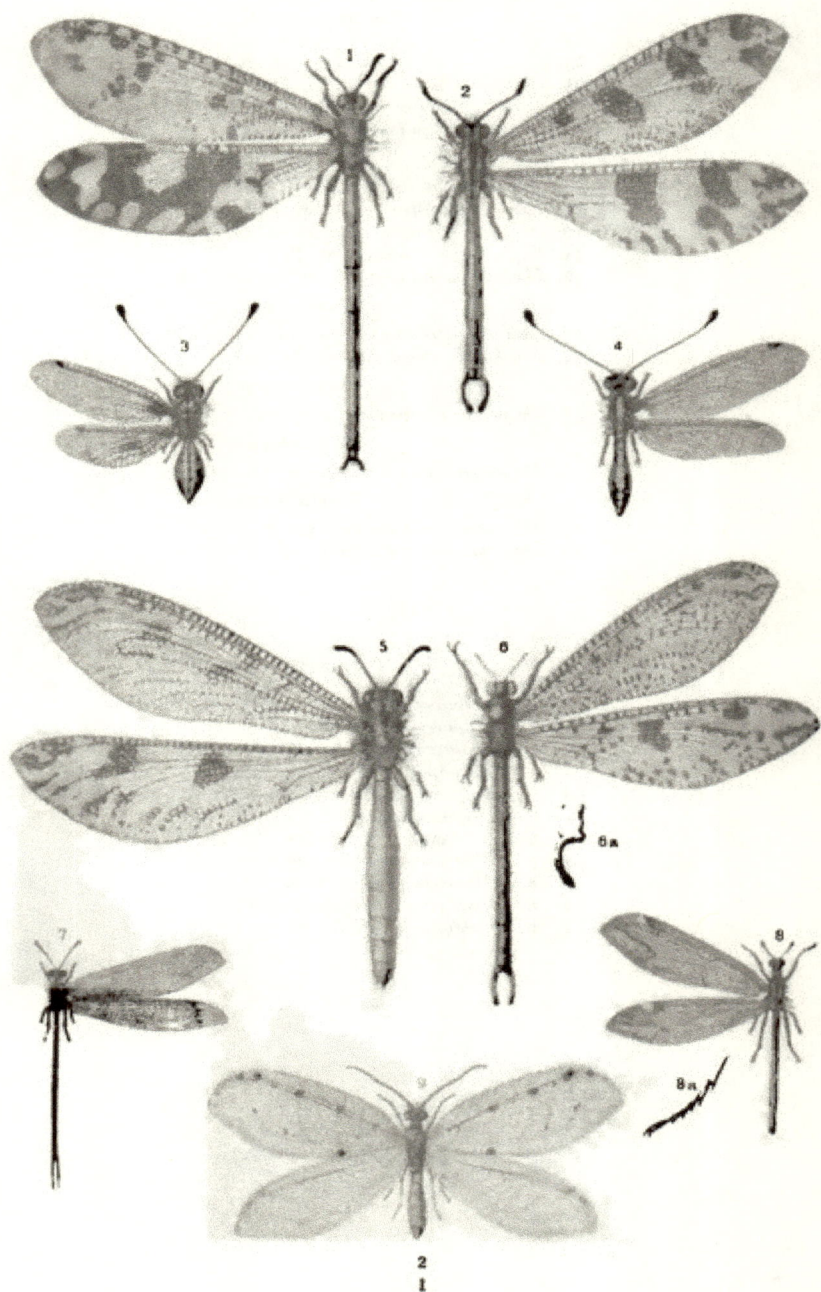

www.ingramcontent.com/pod-product-compliance
Lightning Source LLC
Chambersburg PA
CBHW032135080426
42733CB00008B/1087